U0341913

计算机基础与实训教材系列

中文版 PowerPoint 2010 幻灯片制作实用教程

于冬梅　　曲丽娜　　编著

清华大学出版社

北　京

内 容 简 介

本书由浅入深、循序渐进地介绍了 Microsoft 公司最新推出的幻灯片制作软件——中文版 PowerPoint 2010 的操作方法和使用技巧。全书共分 11 章，分别介绍了 PowerPoint 2010 基础知识，演示文稿的基本操作，格式化幻灯片文本，设计幻灯片外观，应用图片和图形，应用表格和图表，PowerPoint 的多媒体应用，PowerPoint 的动画应用，幻灯片放映与审阅，演示文稿的安全、打印和输出等内容。最后一章还安排了综合实例，用于提高和拓宽读者对 PowerPoint 2010 操作的掌握与应用。

本书内容丰富，结构清晰，语言简练，图文并茂，具有很强的实用性和可操作性，是一本适合于大中专院校、职业学校及各类社会培训学校的优秀教材，也是广大初、中级电脑用户的自学参考书。

本书对应的电子教案、实例源文件和习题答案可以到 http://www.tupwk.com.cn/edu 网站下载。

图书在版编目(CIP)数据

中文版 PowerPoint 2010 幻灯片制作实用教程/于冬梅，曲丽娜 编著. —北京: 清华大学出版社，2014（2020.2重印）

(计算机基础与实训教材系列)

ISBN 978-7-302-34845-0

Ⅰ. ①中… Ⅱ. ①于…②曲… Ⅲ. ①图形软件—教材 Ⅳ. ①TP391.41

中国版本图书馆 CIP 数据核字(2013)第 310938 号

责任编辑：胡辰浩　袁建华
装帧设计：牛艳敏
责任校对：成凤进
责任印制：刘祎淼

出版发行：清华大学出版社
　　　　　网　　　址：http://www.tup.com.cn，http://www.wqbook.com
　　　　　地　　　址：北京清华大学学研大厦 A 座　　　　　邮　　编：100084
　　　　　社 总 机：010-62770175　　　　　　　　　　　　邮　　购：010-62786544
　　　　　投稿与读者服务：010-62776969，c-service@tup.tsinghua.edu.cn
　　　　　质量反馈：010-62772015，zhiliang@tup.tsinghua.edu.cn
　　　　　课件下载：http://www.tup.com.cn，010-62796045
印 装 者：三河市少明印务有限公司
经　　销：全国新华书店
开　　本：190mm×260mm　　　　印　　张：19.25　　　　字　　数：505 千字
版　　次：2014 年 1 月第 1 版　　　　　　　　　　印　　次：2020 年 2 月第 6 次印刷
定　　价：59.00 元

产品编号：041249-02

编审委员会

丛书序

计算机已经广泛应用于现代社会的各个领域，熟练使用计算机已经成为人们必备的技能之一。因此，如何快速地掌握计算机知识和使用技术，并应用于现实生活和实际工作中，已成为新世纪人才迫切需要解决的问题。

为适应这种需求，各类高等院校、高职高专、中职中专、培训学校都开设了计算机专业的课程，同时也将非计算机专业学生的计算机知识和技能教育纳入教学计划，并陆续出台了相应的教学大纲。基于以上因素，清华大学出版社组织一线教学精英编写了这套"计算机基础与实训教材系列"丛书，以满足大中专院校、职业院校及各类社会培训学校的教学需要。

一、丛书书目

本套教材涵盖了计算机各个应用领域，包括计算机硬件知识、操作系统、数据库、编程语言、文字录入和排版、办公软件、计算机网络、图形图像、三维动画、网页制作以及多媒体制作等。众多的图书品种可以满足各类院校相关课程设置的需要。

⊙ 已出版的图书书目

《计算机基础实用教程(第二版)》	《中文版 Photoshop CS4 图像处理实用教程》
《电脑入门实用教程(第二版)》	《中文版 Flash CS4 动画制作实用教程》
《电脑办公自动化实用教程（第二版）》	《中文版 Dreamweaver CS4 网页制作实用教程》
《计算机组装与维护实用教程（第二版）》	《中文版 Illustrator CS4 平面设计实用教程》
《计算机基础实用教程（Windows 7+Office 2010 版）》	《中文版 InDesign CS4 实用教程》
《Windows 7 实用教程》	《中文版 CorelDRAW X4 平面设计实用教程》
《中文版 Word 2003 文档处理实用教程》	《中文版 3ds Max 2012 三维动画创作实用教程》
《中文版 PowerPoint 2003 幻灯片制作实用教程》	《中文版 Office 2007 实用教程》
《中文版 Excel 2003 电子表格实用教程》	《中文版 Word 2007 文档处理实用教程》
《中文版 Access 2003 数据库应用实用教程》	《中文版 Excel 2007 电子表格实用教程》
《中文版 Project 2003 实用教程》	《Excel 财务会计实战应用（第二版）》
《中文版 Office 2003 实用教程》	《中文版 PowerPoint 2007 幻灯片制作实用教程》
《Access 2010 数据库应用基础教程》	《中文版 Access 2007 数据库应用实例教程》
《多媒体技术及应用》	《中文版 Project 2007 实用教程》
《中文版 Premiere Pro CS4 多媒体制作实用教程》	《Office 2010 基础与实战》
《中文版 Premiere Pro CS5 多媒体制作实用教程 》	《Director 11 多媒体开发实用教程》

《ASP.NET 3.5 动态网站开发实用教程》	《中文版 AutoCAD 2010 实用教程》
《ASP.NET 4.0 动态网站开发实用教程》	《中文版 AutoCAD 2012 实用教程》
《ASP.NET 4.0(C#)实用教程》	《AutoCAD 建筑制图实用教程（2010 版）》
《Java 程序设计实用教程》	《AutoCAD 机械制图实用教程（2012 版）》
《JSP 动态网站开发实用教程》	《Mastercam X4 实用教程》
《C#程序设计实用教程》	《Mastercam X5 实用教程》
《Visual C# 2010 程序设计实用教程》	《中文版 Photoshop CS5 图像处理实用教程》
《Access 2010 数据库应用基础教程》	《中文版 Dreamweaver CS5 网页制作实用教程》
《SQL Server 2008 数据库应用实用教程》	《中文版 Flash CS5 动画制作实用教程》
《网络组建与管理实用教程》	《中文版 Illustrator CS5 平面设计实用教程》
《计算机网络技术实用教程》	《中文版 InDesign CS5 实用教程》
《局域网组建与管理实训教程》	《中文版 CorelDRAW X5 平面设计实用教程》
《电脑入门实用教程(Windows 7+Office 2010)》	《中文版 AutoCAD 2013 实用教程》
《Word+Excel+PowerPoint 2010 实用教程》	《中文版 Photoshop CS6 图像处理实用教程》
《中文版 Office 2010 实用教程》	《中文版 Access 2010 数据库应用实用教程》
《网页设计与制作(Dreamweaver+Flash+Photoshop)》	《中文版 Excel 2010 电子表格实用教程》
《中文版 Project 2010 实用教程》	《中文版 Word 2010 文档处理实用教程》

二、丛书特色

1. 选题新颖，策划周全——为计算机教学量身打造

本套丛书注重理论知识与实践操作的紧密结合，同时突出上机操作环节。丛书作者均为各大院校的教学专家和业界精英，他们熟悉教学内容的编排，深谙学生的需求和接受能力，并将这种教学理念充分融入本套教材的编写中。

本套丛书全面贯彻"理论→实例→上机→习题"4 阶段教学模式，在内容选择、结构安排上更加符合读者的认知习惯，从而达到老师易教、学生易学的目的。

2. 教学结构科学合理，循序渐进——完全掌握"教学"与"自学"两种模式

本套丛书完全以大中专院校、职业院校及各类社会培训学校的教学需要为出发点，紧密结合学科的教学特点，由浅入深地安排章节内容，循序渐进地完成各种复杂知识的讲解，使学生

能够一学就会、即学即用。

对教师而言，本套丛书根据实际教学情况安排好课时，提前组织好课前备课内容，使课堂教学过程更加条理化，同时方便学生学习，让学生在学习完后有例可学、有题可练；对自学者而言，可以按照本书的章节安排逐步学习。

3. 内容丰富、学习目标明确——全面提升"知识"与"能力"

本套丛书内容丰富，信息量大，章节结构完全按照教学大纲的要求来安排，并细化了每一章内容，符合教学需要和计算机用户的学习习惯。在每章的开始，列出了学习目标和本章重点，便于教师和学生提纲挈领地掌握本章知识点，每章的最后还附带有上机练习和习题两部分内容，教师可以参照上机练习，实时指导学生进行上机操作，使学生及时巩固所学的知识。自学者也可以按照上机练习内容进行自我训练，快速掌握相关知识。

4. 实例精彩实用，讲解细致透彻——全方位解决实际遇到的问题

本套丛书精心安排了大量实例讲解，每个实例解决一个问题或是介绍一项技巧，以便读者在最短的时间内掌握计算机应用的操作方法，从而能够顺利解决实践工作中的问题。

范例讲解语言通俗易懂，通过添加大量的"提示"和"知识点"的方式突出重要知识点，以便加深读者对关键技术和理论知识的印象，使读者轻松领悟每一个范例的精髓所在，提高读者的思考能力和分析能力，同时也加强了读者的综合应用能力。

5. 版式简洁大方，排版紧凑，标注清晰明确——打造一个轻松阅读的环境

本套丛书的版式简洁、大方，合理安排图与文字的占用空间，对于标题、正文、提示和知识点等都设计了醒目的字体符号，读者阅读起来会感到轻松愉快。

三、读者定位

本丛书为所有从事计算机教学的老师和自学人员而编写，是一套适合于大中专院校、职业院校及各类社会培训学校的优秀教材，也可作为计算机初、中级用户和计算机爱好者学习计算机知识的自学参考书。

四、周到体贴的售后服务

为了方便教学，本套丛书提供精心制作的 PowerPoint 教学课件(即电子教案)、素材、源文件、习题答案等相关内容，可在网站上免费下载，也可发送电子邮件至 wkservice@vip.163.com 索取。

此外，如果读者在使用本系列图书的过程中遇到疑惑或困难，可以在丛书支持网站(http://www.tupwk.com.cn/edu)的互动论坛上留言，本丛书的作者或技术编辑会及时提供相应的技术支持。咨询电话：010-62796045。

PowerPoint 2010 是 Microsoft 公司推出的 Office 2010 办公套装软件中的一个重要组成部分，也是最为常用的多媒体演示软件之一，它在学习和工作的各个领域中都有着广泛的应用。利用 PowerPoint 2010 不仅可以制作出图文并茂，表现力和感染力极强的演示文稿，还可以在计算机屏幕、幻灯片、投影仪或 Internet 上发布。现在，无论是企业展示新产品、开会做报告，还是教师讲课或朋友间赠送贺卡，都可以使用 PowerPoint 2010 来实现。

本书从教学实际需求出发，合理安排知识结构，从零开始、由浅入深、循序渐进地讲解 PowerPoint 2010 的基本知识和使用方法。本书共分为 11 章，主要内容如下。

第 1 章介绍了 PowerPoint 2010 基础知识，包括使用 PowerPoint 2010 前的准备工作、制作精美的演示文稿必备知识、PowerPoint 2010 工作界面和视图模式等内容。

第 2 章介绍了演示文稿的基本操作，包括创建和保存、打开和关闭演示文稿，以及管理幻灯片的方法。

第 3 章介绍了格式化幻灯片文本的方法，包括设置文本格式、设置段落格式等内容。

第 4 章介绍了演示文稿外观的设计方法，包括设置幻灯片母版、应用主题和背景等内容。

第 5 章介绍了创建和处理图形对象的方法，包括创建艺术字、图片、图形、SmartArt 图形、电子相册等内容。

第 6 章介绍了应用表格和图表的方法，包括插入表格和图表、美化表格和图表等内容。

第 7 章介绍了 PowerPoint 的多媒体应用，包括插入和编辑声音、影片等内容。

第 8 章介绍了 PowerPoint 的动画应用，包括设置切换效果和对象动画等内容。

第 9 章介绍了幻灯片放映与审阅的方法。

第 10 章介绍了演示文稿的安全、打印和输出的方法。

第 11 章介绍了使用 PowerPoint 2010 制作综合性商务应用实例。

本书图文并茂，条理清晰，通俗易懂，内容丰富，在讲解每个知识点时都配有相应的实例，方便读者上机实践。同时在难于理解和掌握的部分内容上给出相关提示，让读者能够快速地提高操作技能。此外，本书还配有大量综合实例和练习，让读者在不断的实际操作中更加牢固地掌握书中讲解的内容。

本书由于冬梅和曲丽娜编著和统稿，其中第 1~4 章由于冬梅编写，第 5~11 章由曲丽娜编写，另外，参加本书编写的人员还有陈笑、曹小震、高娟妮、李亮辉、洪妍、孔祥亮、陈跃华、杜思明、熊晓磊、曹汉鸣、陶晓云、王通、方峻、李小凤、曹晓松、蒋晓冬、邱培强等人。由于作者水平所限，本书难免有不足之处，欢迎广大读者批评指正。我们的邮箱是 huchenhao@263.net，电话是 010-62796045。

作　者

2013 年 10 月

推荐课时安排

章　名	重点掌握内容	教学课时
第 1 章　PowerPoint 2010 基础知识	1. 使用 PowerPoint 2010 前的准备工作 2. 演示文稿的色彩设计 3. 制作精美演示文稿的必备知识 4. PowerPoint 2010 工作界面 5. PowerPoint 2010 视图模式	2 学时
第 2 章　演示文稿的基本操作	1. 创建演示文稿 2. 打开演示文稿 3. 保存和关闭演示文稿 4. 管理幻灯片	2 学时
第 3 章　格式化幻灯片文本	1. 使用占位符 2. 使用文本框 3. 编辑文本 4. 设置文本格式 5. 设置段落格式 6. 使用项目符号和编号	3 学时
第 4 章　设计幻灯片外观	1. 初识母版 2. 设置幻灯片母版 3. 设置幻灯片主题和背景 4. 使用其他版面元素 5. 制作其他母版	2 学时
第 5 章　应用图片和图形	1. 创建艺术字 2. 使用图片 3. 创建图形 4. 创建 SmartArt 图形 5. 制作电子相册	3 学时
第 6 章　应用表格和图表	1. 创建表格 2. 编辑与美化表格 3. 创建图表 4. 美化图表	2 学时

(续表)

章　名	重点掌握内容	教学课时
第 7 章 PowerPoint 的多媒体应用	1. 在幻灯片中插入声音 2. 控制声音效果 3. 在幻灯片中插入影片 4. 设置影片效果	2 学时
第 8 章 PowerPoint 的动画应用	1. 设计幻灯片切换动画 2. 为幻灯片中的对象添加动画效果 3. 对象动画效果高级设置 4. 演示文稿交互效果的实现	2 时
第 9 章 幻灯片的放映与审阅	1. 设置放映时间与放映方式 2. 放映幻灯片 3. 控制幻灯片的放映过程 4. 审阅演示文稿	2 学时
第 10 章 演示文稿的安全、打印和输出	1. 保护演示文稿 2. 打印演示文稿 3. 打包演示文稿 4. 发布幻灯片 5. 创建视频 6. 将演示文稿输出为其他格式	2 学时
第 11 章 综合实例应用	1. 文本与段落处理功能 2. 图形处理功能 3. 表格和图表功能 4. 幻灯片对象动画和切换动画 5. 美化、放映和打印演示文稿	2 学时

注：1. 教学课时安排仅供参考，授课教师可根据情况作调整。

2. 建议每章安排与教学课时相同时间的上机练习。

目录 CONTENTS

计算机基础与实训教材系列

计算机基础与实训教材系列

计算机
基础与实训教材系列

PowerPoint 2010 基础知识

学习目标

PowerPoint 是一款专门用来制作演示文稿的应用软件，也是 Microsoft Office 系列软件中的重要组成部分。使用 PowerPoint 可以制作出集文字、图形、图像、声音以及视频等多媒体元素为一体的演示文稿，让信息以更轻松、更高效的方式表达出来。本章主要介绍使用 PowerPoint 2010 前的准备工作、制作精美的演示文稿必备知识、PowerPoint 2010 工作界面和视图模式等基础知识。

本章重点

- ⊙ 使用 PowerPoint 2010 前的准备工作
- ⊙ 演示文稿的色彩设计
- ⊙ 制作精美的演示文稿必备知识
- ⊙ PowerPoint 2010 工作界面
- ⊙ PowerPoint 2010 视图界面

1.1 使用 PowerPoint 2010 前的准备工作

在使用 PowerPoint 2010 之前，需要做好一些准备工作，诸如认识演示文稿和幻灯片、了解 PowerPoint 的用途、使用环境和受众群体等内容。

1.1.1 认识演示文稿和幻灯片

演示文稿由"演示"和"文稿"两个词语组成，其实这已经很好地表达了它的作用，也就是用于演示某种效果而制作的文档，主要用于会议、产品展示和教学课件等领域。演示文稿可以很好地拉近演示者和观众之间的距离，让观众更容易接受演示者的观点。如图 1-1 所示为演讲者制作美容机构的肌肤测试演示文稿，其中单独的一张内容就是幻灯片。这样就可以得出，一个演示文稿是由许多幻灯片组成的。

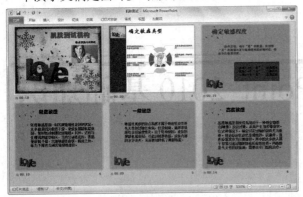

提示

利用 PowerPoint 制作出来的文件就叫演示文稿，它是一个文件。而演示文稿中的每一页就叫幻灯片，每张幻灯片都是演示文稿中既相互独立又相互联系的内容。

图 1-1　制作完成的演示文稿

1.1.2　了解 PowerPoint 的应用领域

PowerPoint 通常用于大型环境下的多媒体演示，可以在演示过程中插入声音、视频、动画等多媒体资料，使内容更加直观、形象，更具说服力。目前 PowerPoint 主要有以下三大用途。

1. 多媒体商业演示

最初开发 PowerPoint 软件的目的就是为各种商业活动提供一个内容丰富的多媒体产品或服务演示的平台，帮助销售人员向最终用户演示产品或服务的优越性。

PowerPoint 用于决策/提案时，设计要体现简洁与专业性，避免大量文字段落的涌现，多采用 SmartArt 图示、图表以说明，如图 1-2 所示。

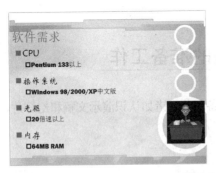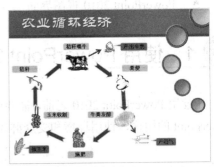

图 1-2　多媒体商业演示

2. 多媒体交流演示

PowerPoint 演示文稿是宣讲者的演讲辅助手段，以交流为用途，被广泛用于培训、研讨会、产品发布等领域。

大部分信息通过宣讲人演讲的方式传递，PowerPoint 演示文稿中出现的内容信息不多，文字段落篇幅较小，常以标题形式出现，作为总结概括，如图 1-3 所示。每个页面单独停留时间较长，观众有充足时间阅读完页面上的每个信息点。

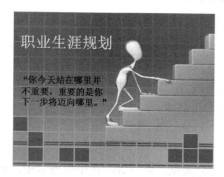
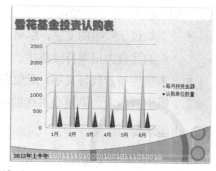

图 1-3　多媒体交流演示

3. 多媒体娱乐演示

由于 PowerPoint 支持文本、图像、动画、音频和视频等多种媒体内容的集成，因此，很多用户都使用 PowerPoint 来制作各种娱乐性质的演示文稿，如手工剪纸集、相册等，如图 1-4 所示，通过 PowerPoint 的丰富表现功能来展示多媒体娱乐内容。

图 1-4　多媒体娱乐演示

①.1.3　明确 PowerPoint 媒体演示的场合

对于同样内容的 PowerPoint 演示文稿，在不同场合下，需要调整为不同的设计思路以适应场合的需求。一般情况下，在大型场合下，必须考虑 PowerPoint 演示文稿中的内容是否能够完整呈现，在视觉传达上要尽量照顾到在场的绝大多数观众。而在小型场合下，如会议室、培训教室等，由于观众人数不多，对演示文稿的限制就相对少一些。下面分别对大型场合和小型场合进行详细的介绍。

1. 大型场合

大型场合的观众人数为数十或数百，常见于大型报告厅、展厅等。在大型场合中放映多媒体，首先要考虑的就是，如何确定 PowerPoint 演示文稿的内容是否能够准确无误地传递给每一位观众。

一般情况下，基于大型场合演示的 PowerPoint，在设计思路上应该充分体现以下内容。

- 去除过于啰嗦的文字，尽可能以关键词或句代替段落。因为，大场合的观众人多，他们的注意力很难持续集中。
- 多使用图片代替文字，避免引起观众视觉的疲劳。图片的优势在于色彩的表现，能够吸引视线，一副精心挑选的图片胜过用文字去描述。

2. 小型场合

小型场合的观众人数通常在 10 个以内，常见于会议室、教室等。在小型场合中，观众注意力比较集中，即使在有人宣讲的情况下，PowerPoint 放映也会成为焦点，观众有条件阅读到 PowerPoint 演示文稿中的每一个细节。

小型场合的设计思路体现以下内容。

- 简洁、有效地传递信息。在小型场合中，观众的注意力主要集中在演示内容上，如果 PowerPoint 设计的表现形式过于花哨，会分散观众注意力。
- 尽可能选择图示化的表达方式。使用 PowerPoint 自带的图示，如箭头、指示、拓扑图等，通过设计来阐述文本内容，能够将复杂的概念、流程、框架非常直观地表达出来，给观众一目了然的效果。

(1).1.4 了解观众群体的需求

在了解 PowerPoint 的应用领域，明确媒体演示的场合之后，还需要了解观众群体的需求。同样内容的演示文稿，在不同的观众群体面前，应该采取不同的设计思路和设计方案，这样才能有效地进行信息传递。按照观众群体对演示文稿的内容关注程度，分为行业外群体、客户群体和公司内部群体。

1. 行业外群体

所谓的行业外群体，是指与 PowerPoint 演示文稿内容无关的观众群体，亦称大众群体。行业外群体本身并不完全关注演示文稿的内容信息，再加上观众层次不一，很难完全了解他们的需求。而演示文稿发布者希望通过 PowerPoint 放映，引起观众对内容的关注。这时就需要 PowerPoint 内容具有一定的吸引力，如色彩、版式、所选图片及动画效果等直观的设计形式。

2. 顾客群体

面对客户群体，PowerPoint 演示文稿带有很强的目的性，即需要得到顾客群体的认可。在设计之前，需要尽可能地多了解客户群体的特性，如客户对颜色的喜好、对内容细节的接受程度等。内容和形式需要同样重视，避免过于复杂设计。

另外，演示过程也是对企业自身的推广过程。通过对版式、配色、字体的预设，前后风格保持统一，建立稳固的视觉形象。

3. 公司内部群体

针对公司内部群体的 PowerPoint 演示文稿多用于公司内容对上级领导的工作汇报，内容比较多，并涉及大量报表数据。对于公司内部群体，更多的是直接关注 PowerPoint 演示文稿内容。而如何在大量页面的幻灯片切换中避免单一乏味产生心理抵触，成为设计形式的重点。设计时，通过色彩来区分，以避免给观众单调的感觉。

针对公司内部群体而言，需要注意形式简洁，通过母版保持演示文稿统一的风格是第一位。在对文本段落的处理上则通过段落间距、项目符号的设置来实现一定的留白，便于阅读。

1.2　演示文稿的色彩设计

在 PowerPoint 设计时，用户需要掌握色彩的使用，以及各种类型幻灯片的风格设计。本节将通过介绍色彩基础理论、色彩搭配等知识，拓展用户的视野，帮助用户设计出艺术化的演示文稿。

1.2.1　色彩的理论知识

在人类的视觉对象中，色彩是其存在的、不可忽视的重要因素。实际上，色彩比形态在某种意义上更加具有视觉吸引力。一切视觉对象的存在都是由其形态的色彩与光亮度来决定的。色彩就是人类根据光的波长而总结出的抽象概念。光的波长不同，在人类肉眼中形成的色彩也不同。下面将介绍光、色彩以及色彩与人类视觉感受等方面知识。

1. 光与光源

光是可以混合和分解的。通过对光的分解，理论上可以将绝大多数的光分解为多种色光。例如，将白色光分解，往往可以分解 3 种光，即红光、绿光和蓝光。

红光、绿光和蓝光是 3 种特殊的光，是无法被分解的光。因此，将这 3 种光称为原色光，而红、绿和蓝这 3 种颜色，被称为三原色。

除三原色外，所有的颜色都可由三原色混合而成。例如，当 3 种颜色以相同的比例混合时，则形成白色；当 3 种颜色的强度均为 0 时，则形成黑色。

2. 色彩的属性

任何一种色彩都具备色相、饱和度和明度 3 种基本属性。这 3 种基本属性又被称为色彩的三要素。修改这 3 种基本属性中的任意一种，都会影响原色彩其他要素的变化。

- 色相：色相是由色彩的波长产生的属性，根据波长的长短，可以将可见光划分为 6 种基本色相，即红、橙、黄、绿、蓝和紫。如果要表现三级颜色的色彩循环结构，则需要使用到 24 色色相环，如图 1-5 所示。在 24 色色相环中，彼此相隔 12 个数位或者相隔 180°的两个色相，均是互补色关系。互补色结合的色组，是对比最强的色组，会使人的视觉产生刺激性、不安定性。不同色彩能够产生一种相对冷暖的感觉，这种感觉被称为色性。冷暖感觉是基于人类长期生活积淀所产生的心理感受。例如，红黄搭配的幻灯片效果给人以热烈的感觉；蓝绿搭配的制作效果则给人以清凉的感觉。

- 饱和度：饱和度是指色彩的鲜艳程度，又称彩度、纯度，代表了色彩的纯净程度。饱和度取决于该色中含色成分和消色成分(灰色)的比例。含色成分越大，饱和度越大；消色成分越大，饱和度越小。纯色是饱和度最高的一级。光谱中红、橙、黄、绿、蓝、紫等色光是最纯的高饱和度的光。其中，红色的饱和度最高，橙、黄、紫等饱和度较高，蓝、绿则饱和度较低。色彩的饱和度越高，则色相越明确，反之则越弱。

- 明度：明度是指色彩的明暗程度，也称光度、深浅度，来自于光波中振幅的大小。色彩的明亮度高，则颜色越明亮，反之则越阴暗。明度通常为 0%(黑)~100%(白)来度量。明度是全部色彩都具有的属性，明度关系是指配色彩的基础。明度在三要素中具有较强的独立性，其可以不带任何色相特征，仅通过黑白灰的关系单独呈现出来。在无色彩中，明度最高的颜色为白色，明度最低的颜色为黑色，中间存在着一个从亮到暗的灰色系列，如图 1-6 所示。

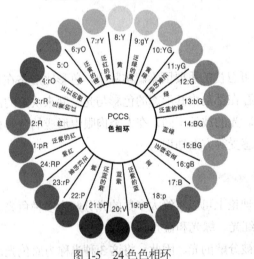

图 1-5　24 色色相环

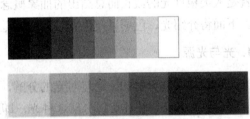

图 1-6　明度的关系

3. 色彩与人类视觉感受

人类本身并不能从色彩上看到什么视觉或心理的感受。所谓人对色彩的感受，是人类自身在进行各种生产、生活活动时积累的各种与色彩相关的经验而造成的体验。这些经验使人在观察到某种颜色或某种色彩搭配而引起的，与这种颜色有关的物体所带来的联想。

色彩在引起联想具有印象的同时，还会引起与这些联想相关的抽象印象，如表 1-1 所示。

表 1-1　色彩引起联想

色　相	具　体　联　想	抽　象　联　想
红	太阳、火焰、血液等	喜庆、热忱、警告、革命、热情等
橙	橙子、芒果、麦子等	成熟、健康、愉快、温暖等
黄	灯光、月亮、向日葵等	辉煌、灿烂、轻快、光明、希望等
绿	草原、树叶等	生命、青春、活力、和平等
蓝	大海、天空等	平静、理智、深远、科技等
紫	丁香花、葡萄等	优雅、神秘、高贵等
黑	夜晚、煤炭、墨汁等	严肃、刚毅、信仰、恐怖等
白	雪、白云、面粉等	纯净、神圣、安静等
灰	灰尘、水泥、乌云等	平凡、谦和、中庸等

 提示

在设计幻灯片而选择色彩时，不能过于依赖与其相关的情感含义，因为其间的联系并不是固定不变的，在不同的文化背景下，这种感情含义是可以变化的。

①.2.2　色彩搭配

在 PowerPoint 平面设计中，色彩搭配以灵活运用色彩为基础，而色彩的运用不外乎两大原则，即色彩的调和与对比。

1. 色彩的调和

在设计演示文稿的平面画面时，往往需要确立一个核心的主色调，以该色调为基础进行色彩的选择。

调和色彩的依据就是主色调，主色调越明显，则作品的协调感越强，而主色调越不明显，则作品的协调感就越弱。

色彩的调和依靠的是各种色彩因素的积累，以及色彩属性的相近。调和的方法主要包括以下几种。

- ⊙ 色相近似调和：除素描作品以外，通常至少包含两个以上的色相。在设计平面时，使用的色彩在色相环上越相近，则色相越类似，甚至趋于同一种色相。以这种方式调和，通常需要借助色彩明度的差异化来形成画面层次感。
- ⊙ 明度近似调和：可能使用了多种色相的颜色。可对这些色彩进行处理，使用近似的明度，以降低各种颜色的对比因素，使其调和。使用这种方式调和时，需要注意各颜色的饱和不可太高。

计算机 基础与实训教材系列

- 低饱和度色彩调和：饱和度较低会给人以整体偏灰暗的感觉，因此大量应用这类色彩，在画面的色彩组合上就一定是调和的。
- 主色调比例悬殊调和：如果主色调所占比例成分有绝对的优势，则通常这幅作品的整体色彩就是较为协调和统一的，其统一的程度与主色调和其他色调之间面积的比值成正比，即比例越大，则调和的程度越高；反之，则会由于色彩的激烈冲突而产生严重的对立。这种基于色调比例理论的调和，被称为主色调比例悬殊调和。

在了解了 4 种基本的调和方法后，即可根据这些调和色彩的原则，设计演示文稿中所采用的色调以及搭配的色彩。

2. 色彩的对比

色彩的调和是决定平面设计作品稳定性的关键。而如果需要平面作品展示色彩的冲击力，赋予作品激情，丰富作品的内涵，则需要使用到对比的手法。

所谓对比，其手法与调和完全相反，需要通过差异较大的两种或更多鲜明的色彩来形成。对比的方式主要包括以下 4 种。

- 色相对比：色相是区别颜色的重要标志之一，多种色相对比强烈的颜色出现在同一设计作品中，本身就会产生强烈的对比效果。两种色彩在色相环上的距离越远，则对比的感觉越强烈。例如，在使用饱和度高的绿色与红色、黄色与红色，以突出民俗与喜庆风格。在摄影、绘画、计算机界面设计中，色相对比的手法应用广泛，使作品中色彩的运用更鲜明而突出。
- 饱和度对比：在采用同一色调或同一色相来描述设计作品时，如果需要体现出色彩的对比效果，则往往可使用饱和度对比的手法。在使用这种手法时，主要侧重于将同一种色相中不同饱和度的色彩进行比较，以形成强烈的对照，使画面更富有空间感和层次感。
- 明度对比：也是一种重要的色彩对比手法。在平面色彩设计时，使用同一色相饱和度的色彩，可以用明度来区分色彩中的内容。相比之前的两种方法，明度对比用于凸显光照对物体的影响或物体表面的质感等特点。
- 色性对比：色性也是色彩的一种重要属性，是人类根据颜色形成的关于冷暖触觉的联想。在 24 色色相环中，位置越靠上的色彩就给人以更温暖的感觉，而位置越靠下的色彩则给人以更寒冷的感觉。色性的对比是色相对比的一个分支，也是一种冲击力较强的对比。通过两种色性的颜色塑造，可以使平面作品的画面更具有空间感和立体感。处理到位的冷暖色彩，将使画面充满着色彩的活力和生机。

 提示

在使用对比的手法处理色彩时，还应注意肉眼在观察色彩时还会受到两种色彩间距离因素的影响。

①.2.3　色彩的使用技巧

在组合调配 PowerPoint 画面色调过程中，有时为了改进整体设计单调、平淡、乏味的状况，增强活力的感觉，通常在 PowerPoint 画面某个部位设置强调、突出的色彩，以起到画龙点睛的作用。为了吸引观众的注意力，重点色一般都应选择安排在画面中心或主要地位。

重点色彩的使用在适度和适量方面应注意如下几方面。

- ◉　重点色面积不宜过大，否则易与主色调发生冲突而失去画面的整体统一感。面积过小，则易被四周的色彩所同化，不被观众注意而失去作用。只有恰当面积的重点色，才能为主色调作积极的配合和补充，使色调显得既统一又活泼，而彼此相得益彰。
- ◉　重点色应该选用比基色调更强烈或相对比的色彩。
- ◉　重点色设置不宜过多，否则多重点既无重点，多中心的安排将成为过头设计，将会破坏主次有别、井然有序的效果，产生无序、杂乱的弊端。
- ◉　并非所有的画面都设置重点色彩。
- ◉　重点色同时应注意与整体配色的平衡。

在此，PowerPoint 设计中对色彩的使用总结有以下 6 个要点：

- ◉　配色需要根据主题对象，如企业 CI、公司母版等；
- ◉　色彩不是孤立的，需要协调相互关系；
- ◉　同一画面中大块配色不超过 3 种；
- ◉　同一画面中应用明度和纯度的不同关系；
- ◉　使用对比色突出表现不同类别；
- ◉　根据色彩心理，设计应用环境。

①.3　制作精美演示文稿的必备知识

观众的忍耐力是有限的，不是演示的信息越多，观众就越容易记住，必须尽量使幻灯片看起来简洁、美观。本节将介绍精美演示文稿的设计流程、制作步骤、布局结构和内容设计等必备知识。

①.3.1　演示文稿的设计流程

设计演示文稿是一个系统性的工程，包括前期的准备工作、收集资料、策划布局方式与配色等工序。

1. 确定演示文稿类型

在设计演示文稿之前，首先应确定演示文稿的类型，然后才能确立整体的设计风格。通常演示文稿可以归纳为演讲稿型(即用于多媒体交流演示)、内容展示型(即用于多媒体商业演示)和交互型(即用于多媒体娱乐演示)这3种。

2. 收集演示文稿素材和内容

在确定演示文稿的类型之后，就得立即着手为演示文稿收集素材内容，通常包括以下几个方面。

- ◉ 文本内容：是各种幻灯片中均包含的重要内容。收集文本内容的途径主要包括自行撰写和从他人的文章中摘录。
- ◉ 图像内容：也是演示文稿的重要组成部分，主要为背景图像和内容图像。演示文稿所使用的背景图像通常包括封面、内容和封底3种，选取时应保持其之间的色调一致。尽量避免内容图像和背景图像采用相同的图像。
- ◉ 逻辑关系内容：在展示演示文稿中的内容结构时，往往需要组织一些图形来清晰地展示其内容之间的关系。
- ◉ 多媒体内容：可以准备一些多媒体内容，包括各种声音、视频等。声音可以在播放时吸引顾客注意力；视频可以以更加生动的方式展示幻灯片所讲述的内容。
- ◉ 数据内容：也是演示文稿的一种重要内容。可以插入 Excel 和 Access 等格式数据，并根据这些数据，制作数据表格和图表等内容。

知识点

在收集演示文稿素材时，打开一个搜索引擎，初学者往往会为输入什么关键字进行搜索而发愁。其实很简单，去繁就简，只要输入简短且达意的词语或短句即可快速搜索出大量所需的图片、声音等素材。当搜索到理想的素材后，应该在计算机中分门别类建立相应文件夹，将具有相同特点的素材存放在一起，以便在制作演示文稿时方便调用。

3. 制作演示文稿

制作演示文稿是演示文稿的设计与实施阶段。在该阶段，用户可先设计幻灯片母版，应用背景图像，然后根据母版创建各种样式的幻灯片，并插入内容。

①.3.2 幻灯片的布局结构

在设计幻灯片时，应该为其应用多种布局，以排列其中的内容。

- ◉ 单一布局结构：是最简单的幻灯片布局结构，往往只单纯地应用一个占位符或内容。这种布局结构通常应用于封面、封底或内容较单一的幻灯片中，通过单个内容展示富有个性的视觉效果。

- 上下布局结构：是最常见的幻灯片布局结构，包含两个部分，即标题部分和内容部分。默认情况下，大多数都是这种结构，应用于封面、封底，也可以应用于绝大多数幻灯片中。
- 左右布局结构：是一种较为个性化的幻灯片布局结构，各部分内容以左右分列的方式排列。这种布局结构通常应用于一些中国古典风格的或突出艺术氛围的幻灯片中。在中国古典风格的左右布局幻灯片中，其内容通常以从右至左的方向显示。而对于一些突出艺术氛围的幻灯片而言，则通常以从左至右的方向显示内容。
- 混合布局结构：混合使用上下布局和左右布局结构，用多元化的方式展示丰富的内容。

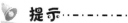 **提示**

除了混合多种排列方式外，在处理图文混排的内容时，还可以根据图像的尺寸，设置文本的流动方式，使图文结合更加紧密。

1.3.3　幻灯片的内容设计

在为幻灯片确立了布局版式后，接下来就可以着手为幻灯片添加内容，并设计内容的样式。幻灯片内容设计主要包括标题、文本、表格、图形和图表这几方面。

1. 标题的设计

标题是幻灯片的纲目，其通常由简短的文本组成，以体现幻灯片的主题、概括幻灯片的主要内容。设计幻灯片的标题可以为其添加前景、背景以及各种三维效果。

2. 文本内容的设计

幻灯片中的文本内容包括两种，即段落文本和列表文本。段落文本用于显示大量的文本内容，以表达一个完整的意思或显示由多个句子组成的句群。而列表文本主要用于显示多项并列的简短内容，通过项目符号对这些内容进行排序，多用于显示幻灯片的目录、项目等。

在排版过程中，通常需要对段落文本的段首进行差异化处理，通过段落缩进、首字放大等手法，凸显段落的分界。

3. 表格的设计

如果需要显示大量有序的数据，则可以使用表格工具。表格是由单元格组成的，其通常包括表头和内容两大类单元格。

在设计表格时，用户既可以应用已有的主题样式，也可以重新设计表格的边框、背景以及各单元格中字体的样式，通过这些属性，将表格的表头和普通单元格区分开，使表格的数据更加清晰明了。

4. 图形的设计

PowerPoint 幻灯片中的图形主要包括形状和 SmartArt 图示。普通形状用于显示一些复杂的结构，或展示矢量图形信息。SmartArt 是 PowerPoint 预设的形状，其可以展示一些简单的逻辑关系，并展示预置的色彩风格。

 知识点

在制作演示文稿的过程中，尽量少出现文字，能用图片等对象代替绝对不用文字。当观众观看长篇文字很容易产生视觉疲劳，而使用图片、声音、动画等多媒体的表现形式往往会比文字生动许多，而且观众更容易接受。

5. 图表的设计

如果要显示表格数据的变化趋势，则还可以使用图表工具，通过图形来展示数据。在设计图表时，用户可根据数据的具体分类来选择图表所使用的主题颜色和图表的类型。

知识点

根据以上内容，可以归纳出制作演示文稿的七步法：一为确定目标；二为分析观众；三为整体构思；四为组织材料；五为统一美化；六为单页设计；七为内部测试。

1.4 启动和退出 PowerPoint 2010

当用户安装完 Office 2010 之后，PowerPoint 2010 也将自动安装到系统中，这时用户就可以正常启动与退出 PowerPoint 2010。

1.4.1 启动 PowerPoint 2010

与普通的 Windows 应用程序类似，用户可以使用多种方式启动 PowerPoint 2010，如常规启动、通过桌面快捷方式启动、通过现有演示文稿启动和通过 Windows 7 任务栏启动等。

- 常规启动：单击【开始】按钮，选择【所有程序】| Microsoft Office | Microsoft PowerPoint 2010 命令即可，如图 1-7 所示。
- 通过桌面快捷方式启动：双击桌面上的 Microsoft PowerPoint 2010 快捷图标，如图 1-8 所示。
- 通过 Windows 7 任务栏启动：在将 PowerPoint 2010 锁定到任务栏之后，单击任务栏中的 Microsoft PowerPoint 2010 图标按钮，如图 1-9 所示。

⊙ 通过现有演示文稿启动：找到已经创建的演示文稿，然后双击该文件图标。

图 1-7 常规启动　　　图 1-8 桌面快捷方式启动　　　图 1-9 Windows 7 任务栏启动

知识点

右击【开始】菜单中的 Microsoft PowerPoint 2010 菜单选项，从弹出的菜单中选择【锁定到任务栏】命令，此时 Windows 就会将 Microsoft PowerPoint 2010 锁定到任务栏中；从弹出的菜单中选择【发送到】|【桌面快捷方式】命令，可以为 PowerPoint 2010 创建位于 Windows 7 桌面的快捷方式。

1.4.2 退出 PowerPoint 2010

当不再需要使用 PowerPoint 2010 编辑演示文稿时，就可以退出该软件。退出 PowerPoint 的方法与退出其他应用程序类似，主要有如下几种方法。

⊙ 单击 PowerPoint 2010 标题栏上的【关闭】按钮 ✕ 。

⊙ 右击 PowerPoint 2010 标题栏，从弹出的快捷菜单中选择【关闭】命令，或者直接按 Alt+F4 组合键。

⊙ 在 PowerPoint 2010 的工作界面中，单击【文件】按钮，从弹出的菜单中选择【退出】命令。

提示

如果当前打开了多个演示文稿，单击窗口右上角的【关闭】按钮，只是关闭当前演示文稿，但并没有退出 PowerPoint 2010。

1.5 PowerPoint 2010 操作界面

PowerPoint 2010 采用了全新的操作界面，以与 Office 2010 系列软件的界面风格保持一致，相比之前版本，PowerPoint 2010 的界面更加整齐而简洁，也更便于操作。本节将主要介绍 PowerPoint 2010 的工作界面及各种视图方式。

1.5.1 PowerPoint 2010 工作界面

启动 PowerPoint 2010 应用程序后，用户将看到全新的工作界面，如图 1-10 所示。PowerPoint 2010 的工作界面主要由【文件】按钮、快速访问工具栏、标题栏、功能选项卡和功能区、大纲/幻灯片浏览窗格、幻灯片编辑窗口、备注窗格和状态栏等部分组成。

图 1-10　PowerPoint 2010 界面构成

1.【文件】按钮

【文件】按钮位于 PowerPoint 2010 工作界面的左上角，取代了 PowerPoint 2007 版本中的 Office 按钮，单击该按钮，弹出快捷菜单，如图 1-11 所示，可以执行新建、打开、保存和打印等操作。

图 1-11　【文件】按钮下的菜单与列表

 提示

从图 1-11 左图中可以看到，左侧列出了【新建】、【打开】、【保存】、【另存为】、【打印】、【保持并发送】等命令菜单，右侧列出了最近使用的演示文稿列表。

2. 快速访问工具栏

快速访问工具栏位于标题栏界面顶部，使用它可以快速访问频繁使用的命令，如保存、撤销、重复等。

如果在快速访问工具栏中添加其他按钮，可以单击其后的【自定义快速访问工具栏】按钮，在弹出的下拉菜单中选择所需的按钮命令即可。在其中选择【在功能区下方显示】命令，可将快速访问工具栏调整到功能区下方，如图 1-12 所示。

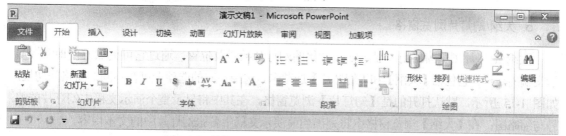

图 1-12　将快速访问工具栏调整到功能区下方

3. 标题栏

标题栏位于 PowerPoint 2010 工作界面的右上侧，如图 1-13 所示。它显示了演示文稿的名称和程序名，最右侧的 3 个按钮分别用于对窗口执行最小化、最大化和关闭操作。

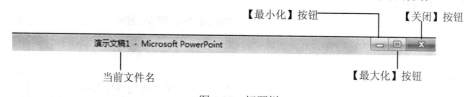

图 1-13　标题栏

4. 功能区

功能选项卡和功能区将 PowerPoint 2010 的所有命令集成在几个功能选项卡中。打开选项卡可以切换到相应的功能区，在其中选择许多自动适应窗口大小的工具栏，不同的工具栏中又放置了与其相关的命令按钮或列表框。如图 1-14 所示的是功能区中的【插入】选项卡。

图 1-14　【插入】选项卡

从图 1-14 中，可以看出，功能区将以前版本中的【插入】菜单中的【表格】、【图片】、【形状】、【超链接】、【文本框】、【符号】和【视频和音频】命令分别以【表格】、【图像】、【插图】、【链接】、【文本】、【符号】和【媒体】组进行放置。用户可以在组中找到常用的工具按钮，这大大节约了在以前版本中寻找命令时所耗费的时间。

 提示

为了使 PowerPoint 2010 工作界面更加简洁美观，功能区中的某些选项卡只有在需要时才显示。例如，仅当选择图片后，功能区才显示【图片工具】的【格式】选项卡。

5. 大纲/幻灯片浏览窗格

大纲/幻灯片浏览窗格用于显示演示文稿的幻灯片数量及位置，通过它可更加方便地掌握演示文稿的结构。它包括【大纲】和【幻灯片】选项卡，选择不同的选项卡可在不同的窗格间切换，如图 1-15 所示。默认打开的是【幻灯片】浏览窗格，在其中将显示整个演示文稿中幻灯片的编号与缩略图；在【大纲】浏览窗格中将列出当前演示文稿中各张幻灯片中的文本内容。

6. 幻灯片编辑窗口

幻灯片编辑窗口是编辑幻灯片内容的场所，是演示文稿的核心部分。在该区域中可对幻灯片内容进行编辑、查看和添加对象等操作。如图 1-16 所示的是含有多张幻灯片的幻灯片编辑窗口，窗口右侧将多一个滚动条，单击 ▲ 或 ▲ 按钮，可以切换至上一张幻灯片，单击 ▼ 或 ▼ 按钮，可以切换至下一张幻灯片。

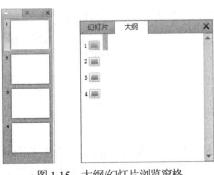

图 1-15 大纲/幻灯片浏览窗格   图 1-16 幻灯片编辑窗口

7. 备注窗格

备注窗格位于幻灯片窗格下方，主要用于添加提示内容及注释信息的区域，如图 1-17 所示。它可以为幻灯片添加说明，以使演讲者能够更好地讲解幻灯片中展示的内容。

单击此处添加备注

图 1-17 备注窗格

8. 状态栏

状态栏位于界面的最底端，如图 1-18 所示。它不起任何编辑作用，主要用于显示当前演示文稿的常用参数及工作状态，如整个文稿的总页数、当前正在编辑的幻灯片的编号以及该演示文稿所用的设计模板名称等。状态栏的右侧为【快捷按钮和显示比例滑杆】区域，拖动幻灯片显示比例栏中的滑块或单击➕、➖快捷按钮，可以控制幻灯片在整个编辑区的视图比例，单击右侧的🔲按钮，可按当前窗口大小自动调整幻灯片的显示比例，使当前窗口中可以看到幻灯片的全局效果，且为最大显示比例。

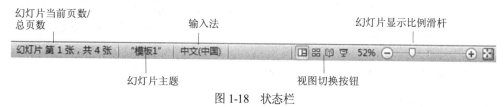

图 1-18　状态栏

①.5.2　PowerPoint 2010 视图模式

为了满足用户不同的需求，PowerPoint 2010 提供了多种视图模式以编辑、查看幻灯片。打开【视图】选项卡，在【演示文稿视图】组中单击相应的视图按钮，或者在视图栏中单击视图按钮 ，即可将当前操作界面切换至对应的视图模式。下面将介绍这几种视图模式。

1. 普通视图

普通视图又可以分为两种形式，主要区别在于 PowerPoint 工作界面最左边的预览窗口，分为幻灯片和大纲两种形式显示。如图 1-19 和图 1-20 分别为幻灯片和大纲形式的普通视图。

普通视图中主要包含 3 种窗口：幻灯片预览窗口(或大纲窗口)、幻灯片编辑窗口和备注窗口。用户拖动各个窗口的边框即可调整窗口的显示大小。

图 1-19　幻灯片形式的普通视图

图 1-20　大纲形式的普通视图

- ◉ 幻灯片形式：左侧的幻灯片预览窗口从上到下依次显示每一张幻灯片的缩略图，用户从中可以查看幻灯片的整体外观。当在左侧预览窗口单击幻灯片缩略图时，该张幻灯片将显示在幻灯片编辑窗口中，这时就可以向当前幻灯片中添加或修改文字、图形、图像和声音等信息。用户可以在左侧预览窗口中上下拖动幻灯片，以改变其在整个演示文稿中的位置。

- ◉ 大纲形式：主要用来显示 PowerPoint 演示文稿的文本部分，它为组织材料、编写大纲提供了一个良好的工作环境。使用大纲视图是组织和开发演示文稿内容的最好方法，因为用户在工作时可以看见屏幕上所有的标题和正文，这样就可以在幻灯片中重新安排要点，将整张幻灯片从一处移动到另一处，或者编辑标题和正文等。例如，要重排幻灯片或项目符号，只要选定要移动的幻灯片图标▭或文本符号，将其拖动到新位置即可。

2. 幻灯片浏览视图

使用幻灯片浏览视图，可以在屏幕上同时看到演示文稿中的所有幻灯片，这些幻灯片以缩略图方式显示在同一窗口中，如图 1-21 所示。

在幻灯片浏览视图中可以查看设计幻灯片的背景、配色方案或更换模板后演示文稿发生的整体变化，也可以检查各个幻灯片是否前后协调、图标的位置是否合适等问题。

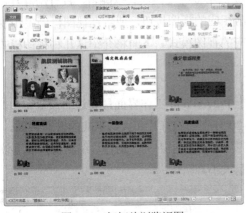

提示

在幻灯片缩略图的左下角显示了一个 ☆ 标志，单击该标志即可预览幻灯片的动画效果。当没有为幻灯片添加动画效果时，则不显示该标志。幻灯片右下角显示的是当前幻灯片的编号，也是当前演示文稿中幻灯片的播放顺序。

图 1-21 幻灯片浏览视图

3. 备注页视图

在备注页视图模式下，用户可以方便地添加和更改备注信息，也可以添加图形等信息，如图 1-22 所示。

4. 幻灯片放映视图

幻灯片放映视图是演示文稿的最终效果。在幻灯片放映模式下，用户可以看到幻灯片的最终效果，包括演示文稿的动画，声音以及切换等效果，如图 1-23 所示。幻灯片放映视图并不是显示单个的静止的画面，而是以动态的形式显示演示文稿中的各个幻灯片。当在演示文稿中创建完某一张幻灯片时，就可以利用该视图模式来检查，从而对不满意的地方进行及时修改。

图 1-22　备注页视图

图 1-23　幻灯片放映视图

知识点

按下 F5 键或者单击 🖳 按钮可以直接进入幻灯片的放映模式，按下 Shift+F5 键则可以从当前幻灯片开始向后放映；在放映过程中，按下 Esc 键退出放映。

5. 阅读视图

如果用户希望在一个设有简单控件的审阅窗口中查看演示文稿，而不想使用全屏的幻灯片放映视图，则可以在自己的计算机中使用阅读视图。如图 1-24 所示的就是阅读视图模式。

图 1-24　阅读视图

提示

在阅读视图模式下，按下 Esc 键，可以退出放映，返回至普通视图。

1.6　自定义 PowerPoint 2010 工作环境

PowerPoint 2010 支持自定义快速访问工具栏、自定义功能区及设置工作界面颜色等，从而使用户能够按照自己的习惯设置工作环境，并在制作演示文稿时更加得心应手。

①.6.1　自定义快速访问工具栏

快速访问工具栏包含一组独立于当前所显示的选项卡的命令。在制作演示文稿的过程中经常使用某些命令或按钮，根据实际情况可将其添加到快速访问工具栏中，以提高制作演示文稿的速度。

【例1-1】添加【快速预览和打印】和【从头开始放映幻灯片】命令按钮到快速访问工具栏中。

(1) 单击【开始】按钮，在弹出的【开始】菜单中选择【所有程序】| Microsoft Office | Microsoft PowerPoint 2010 命令，启动 PowerPoint 2010 应用程序，打开一个名为"演示文稿1"的空白演示文稿。

(2) 单击快速访问工具栏右侧的【自定义快速访问工具栏】按钮，从弹出的快捷菜单中选择【打印预览和打印】命令，如图 1-25 所示。

(3) 此时即可将【打印预览和打印】命令按钮添加至快速访问工具栏中，如图 1-26 所示。

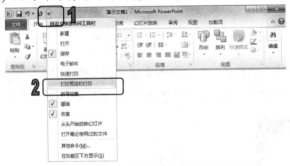

图 1-25　【自定义快速访问工具栏】快捷菜单　　　图 1-26　添加【打印预览和打印】按钮

(4) 单击快速访问工具栏右侧的【自定义快速访问工具栏】按钮，从弹出的快捷菜单中选择【其他命令】命令，打开【PowerPoint 选项】对话框。

(5) 打开【快速访问工具栏】选项卡，在【从下列位置选项命令】下列列表中选择【幻灯片放映 选项卡】选项，在其下的列表框中选择【从头开始放映幻灯片】选项，单击【添加】按钮，即可将该命令按钮添加到右侧的列表框中，单击【确定】按钮，如图 1-27 所示。

(6) 返回至工作界面，查看快速访问工具栏中添加的【从头开始放映幻灯片】按钮，如图 1-28 所示。

 知识点

在【PowerPoint 选项】对话框的【快速访问工具栏】中单击【重置】按钮，从弹出的下拉菜单中选择【仅重置快速访问工具栏】命令，即可取消自定义快速访问工具栏操作，恢复到自定义之前的状态。

图 1-27　【快速访问工具栏】选项卡

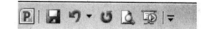

图 1-28　添加【从头开始放映幻灯片】按钮

1.6.2　自定义功能区

PowerPoint 2010 的功能区与 PowerPoint 2007 的功能区大体一致，都是取代 PowerPoint 2003 菜单中的命令。唯一不同的是，PowerPoint 2010 可以添加功能区，自定义选项卡和选项组，将用户经常使用的一些特殊的命令放置在新建选项组中，便于用户操作。

【例 1-2】新建自定义选项卡和选项组，并为选项组添加相应的命令。

(1) 启动 PowerPoint 2010 应用程序，打开一个名为"演示文稿 1"的空白演示文稿。

(2) 单击【文件】按钮，从弹出的【文件】菜单中选择【选项】选项，打开【PowerPoint 选项】对话框。

(3) 打开【自定义功能区】选项卡，在右侧的【自定义功能区】列表框下方单击【新建选项卡】按钮，如图 1-29 所示。

(4) 此时系统将自动在列表框中显示【新建选项卡(自定义)】和【新建组(自定义)】选项，如图 1-30 所示。

图 1-29　【自定义功能区】选项卡

图 1-30　新建选项卡

计算机 基础与实训教材系列

知识点

在【自定义功能区】选项卡右侧的【自定义功能区】列表框中选中【开发工具】复选框，单击【确定】按钮，即可将【开发工具】选项卡显示在功能区中。

(5) 在列表框中选择【新建选项卡(自定义)】选项，单击列表框下方的【重命名】按钮。

(6) 打开【重命名】对话框，在【显示名称】文本框中输入"常用"，单击【确定】按钮，如图 1-31 所示。

(7) 返回至【自定义功能区】选项卡，在列表框中选择【新建组(自定义)】选项，单击【重命名】按钮，打开如图 1-32 所示的【重命名】对话框。

(8) 在【符号】列表框中选择相应的符号，在【显示名称】文本框中输入选项组的名称，单击【确定】按钮，完成命令操作。

图 1-31　重命名选项卡

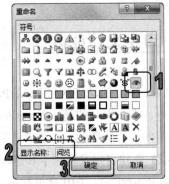

图 1-32　重命名选项组

(9) 单击【自定义功能区】列表框下方的【新建组】按钮，即可为自定义选项卡添加另一个新组。

(10) 参照步骤(7)与步骤(8)，为新建的组重新命名，如图 1-33 所示。

(11) 返回至列表框中将显示自定义的选项卡和选项组，效果如图 1-34 所示。

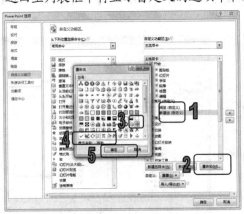

图 1-33　新建并重命名新组

图 1-34　显示自定义选项卡和选项组

(12) 在【从下列位置选择命令】列表框中选择【不在功能区中的命令】选项，在其下的列表框中选择【帮助】命令选项，单击【添加】按钮，即可将其添加到【帮助(自定义)】选项组中，如图 1-35 所示。

(13) 使用同样的方法，为【帮助(自定义)】和【阅览(自定义)】选项组中添加命令按钮，如图 1-36 所示。

图 1-35　添加命令按钮

图 1-36　自定义其他命令按钮

(14) 单击【确定】按钮，完成所有自定义操作，此时功能区中将显示【常用】选项卡，并在其中显示【阅览】和【帮助】组，如图 1-37 所示。

图 1-37　【常用】选项卡

> **提示**
>
> 要隐藏【常用】选项卡，可以打开【PowerPoint 选项】对话框，在【自定义功能区】选项卡右侧的【自定义功能区】列表框取消选中【常用(自定义)】选项前的复选框即可。若要删除该选项卡，可以在列表框中右击【常用(自定义)】选项，从弹出的快捷菜单中选择【删除】命令即可。

1.6.3　设置工作界面颜色

默认情况下，PowerPoint 2010 的工作界面的颜色是银色。如果用户对其界面颜色不满意，则可以自行对其进行更改。

【例 1-3】设置 PowerPoint 2010 工作界面的颜色。

(1) 启动 PowerPoint 2010 应用程序，打开一个空白演示文稿。单击【文件】按钮，在弹出的菜单中选择【选项】命令，打开【PowerPoint 选项】对话框。

(2) 打开【常规】选项卡，在【配色方案】下拉列表中选择【黑色】选项，单击【确定】按钮，如图 1-38 所示。

(3) 此时 PowerPoint 2010 工作界面的颜色由原先的银色更改为黑色，效果如图 1-39 所示。

图 1-38 【常规】选项卡

图 1-39 黑色工作界面的显示效果

1.7 上机练习

本章的上机练习主要介绍启动现有演示文稿，在该演示文稿中设置自定义快速访问工具栏，并切换到幻灯片放映视图观看幻灯片的效果等实例操作，使用户更好地掌握设置 PowerPoint 2010 工作环境的操作方法和技巧。

(1) 找到计算机中的现有演示文稿【肌肤测试】，双击该演示文稿，即可快速启动 PowerPoint 2010 应用程序，同时打开【肌肤测试】演示文稿，如图 1-40 所示。

(2) 单击【自定义快速访问工具栏】按钮，从弹出的菜单中选择【快速打印】命令，如图 1-41 所示。

图 1-40 启动现有演示文稿

图 1-41 自定义快速访问工具栏按钮

（3）此时即可将【快速打印】命令按钮添加到快速访问工具栏中，如图 1-42 所示。

（4）在功能区中右击，从弹出的快捷菜单中选择【功能区最小化】命令，即可将功能区隐藏，效果如图 1-43 所示。

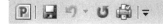

图 1-42　添加【快速打印】命令按钮　　　　　图 1-43　隐藏功能区

（5）单击【自定义快速访问工具栏】按钮，从弹出的菜单中选择【在功能区下方显示】命令，即可将快速访问工具栏显示在功能区下方，如图 1-44 所示。

（6）单击【文件】按钮，从弹出的【文件】菜单中选择【选项】命令，打开【PowerPoint 选项】对话框。

（7）打开【常规】选项卡，在【配色方案】下拉列表中选择【蓝色】选项，单击【确定】按钮，如图 1-45 所示。

图 1-44　移动快速访问工具栏　　　　　　图 1-45　设置工作界面颜色

 提示

在 PowerPoint 2010 工作界面中，单击选项卡右侧的【展开功能区按钮】按钮或者按 Ctrl+F1 快捷键，即可展开最小化的功能区。

(8) 此时，演示文稿工作界面的颜色将更改为蓝色，如图 1-46 所示。

(9) 按 F5 快捷键，开始放映该演示文稿，放映效果如图 1-47 所示。放映完毕后，单击即可退出放映模式。

图 1-46　蓝色工作界面显示效果

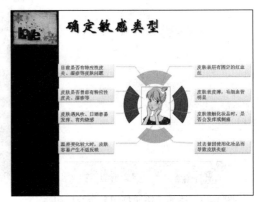

图 1-47　显示演示文稿放映效果

1.8 习题

1. 简述 PowerPoint 的应用领域、媒体演示的场合和观众群体的需求。

2. 简述色彩的使用技巧。

3. 简述演示文稿的设计流程。

4. 简述 PowerPoint 2010 工作界面的组成部分及其各自的功能。

5. 简述 PowerPoint 2010 提供的 4 种视图方式的不同特点。

6. 除了本章介绍的几种启动 PowerPoint 2010 的方法，是否还有其他启动 PowerPoint 2010 的方法？

7. 启动 PowerPoint 2010 后，在快捷访问工具栏中添加【快速打印】、【打开】按钮和【插入来自文件的图片】按钮，如图 1-48 所示。

图 1-48　在快速访问工具栏添加按钮

第2章

演示文稿的基本操作

学习目标

演示文稿是用于介绍和说明某个问题和事件的一组多媒体材料。演示文稿中可以包含幻灯片、演讲备注和大纲等内容，而 PowerPoint 则是创建和演示播放这些内容的工具。本章主要介绍创建、打开与保存演示文稿的方法和管理幻灯片的一些基本操作。

本章重点

- ⊙ 创建演示文稿
- ⊙ 打开演示文稿
- ⊙ 保存和关闭演示文稿
- ⊙ 管理幻灯片

2.1 创建演示文稿

在 PowerPoint 2010 中，用户可以创建各种多媒体演示文稿。演示文稿中的每一页叫做幻灯片，每张幻灯片都是演示文稿中既相互独立又相互联系的内容。本节将介绍多种创建演示文稿的方法。

2.1.1 创建空白演示文稿

空白演示文稿由带有布局格式的空白幻灯片组成，用户可以在空白的幻灯片上设计出具有鲜明个性的背景色彩、配色方案、文本格式和图片等。创建空白演示文稿的方法有启动 PowerPoint 自动创建空白演示文稿、使用 Office 按钮创建空白演示文稿和通过快速访问工具栏创建空白演示文稿这3种，下面将分别介绍这3种方法。

1. 启动 PowerPoint 自动创建空白演示文稿

无论是使用常规方法启动 PowerPoint，还是通过创建新文档启动或者通过现有演示文稿启动，都将自动打开空白演示文稿，如图 2-1 所示。

2. 使用【文件】按钮创建空白演示文稿

单击工作界面左上角的【文件】按钮，在弹出的菜单中选择【新建】命令，在中间窗格的【可用的模板和主题】列表框中选择【空白演示文稿】选项，单击【创建】按钮，如图 2-2 所示，此时即可新建一个空白演示文稿。

图 2-1　新建的空白演示文稿　　　　图 2-2　【可用的模板和主题】列表框

3. 通过快速访问工具栏创建空白演示文稿

单击快速访问工具栏右侧的下拉箭头，从弹出的快捷菜单中选择【新建】命令，将【新建】命令按钮添加到快速访问工具栏中，如图 2-3 所示，然后单击【新建】按钮，即可新建一个空白演示文稿。

 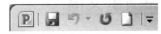

图 2-3　添加【新建】命令按钮到快速访问工具栏中

 提示

空白演示文稿是界面中最简单的一种演示文稿，它只有版式。另外，启动 PowerPoint 2010 后，按 Ctrl+N 组合键，同样可以快速地创建一个空白演示文稿。

②.1.2　根据模板创建演示文稿

模板是一种以特殊格式保存的演示文稿，一旦应用了一种模板后，幻灯片的背景图形、配色方案等就都已经确定。通过模板，用户可以创建多种风格的精美演示文稿。PowerPoint 2010 又将模板划分为样本模板和主题两种。

1. 根据样本模板创建演示文稿

样本模板是 PowerPoint 自带的模板中的类型，这些模板将演示文稿的样式、风格，包括幻灯片的背景、装饰图案、文字布局及颜色、大小等均预先定义好。用户在设计演示文稿时可以先选择演示文稿的整体风格，再进行进一步的编辑和修改。

【例 2-1】根据样本模板创建演示文稿。

(1) 启动 PowerPoint 2010 应用程序，单击【文件】按钮，从弹出的菜单中选择【新建】命令，打开 Microsoft Office Backstage 视图，在【可用的模板和主题】列表框中选择【样本模板】选项，如图 2-4 所示。

(2) 在中间的窗格中显示【样本模板】列表框，在其中选择【宽屏演示文稿】选项，单击【创建】按钮，如图 2-5 所示。

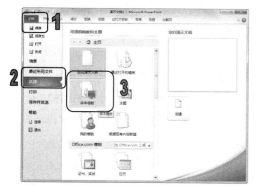

图 2-4　打开 Microsoft Office Backstage 视图

图 2-5　选择样本模板

(3) 此时，该样本模板将被应用在新建的演示文稿中，效果如图 2-6 所示。

图 2-6　应用样本模板

 提示

PowerPoint 2010 为用户提供了具有统一格式与统一框架的演示文稿模板。根据模板创建演示文稿后，只需对演示文稿中相应位置的内容进行修改，即可快速制作出需要的演示文稿。

2. 根据主题创建演示文稿

使用主题可以使没有专业设计水平的用户设计出专业的演示文稿效果。下面以具体实例来介绍根据主题创建演示文稿的方法。

【例 2-2】根据主题创建演示文稿。

(1) 启动 PowerPoint 2010 应用程序，单击【文件】按钮，从弹出的菜单中选择【新建】命令，打开 Microsoft Office Backstage 视图，在【可用的模板和主题】列表框中选择【主题】选项，如图 2-7 所示。

(2) 在中间的窗格中自动显示【主题】列表框，在其中选择【龙腾四海】选项，单击【创建】按钮，如图 2-8 所示。

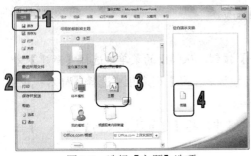

图 2-7　选择【主题】选项

图 2-8　选择主题

(3) 此时，即可新建一个基于【龙腾四海】主题样式的演示文稿，如图 2-9 所示。

图 2-9　应用主题

> **提示**
>
> 新建空白演示文稿后，打开【设计】选项卡，在【主题】组中单击【其他】按钮▼，在弹出的下拉列表中选择相应的主题样式，同样可以将其应用到当前演示文稿中。

②.1.3　根据现有内容新建演示文稿

如果用户想使用现有演示文稿中的一些内容或风格来设计其他的演示文稿，就可以使用 PowerPoint 的【根据现有内容新建】功能。这样就能够得到一个和现有演示文稿具有相同内容和风格的新演示文稿，用户只需在原有的基础上进行适当修改即可。

【例 2-3】在【例 2-1】创建的演示文稿中插入现有幻灯片。

(1) 启动 PowerPoint 2010 应用程序，打开【例 2-1】应用的自带样本模板【宽屏演示文稿】。

（2）将光标定位在幻灯片的最后位置，在【开始】选项卡的【幻灯片】组中单击【新建幻灯片】按钮右下方的下拉箭头，在弹出的菜单中选择【重用幻灯片】命令，如图 2-10 所示。

（3）打开【重用幻灯片】任务窗格，如图 2-11 所示。单击【浏览】按钮，在弹出的菜单中选择【浏览文件】命令。

图 2-10　执行命令

图 2-11　【重用幻灯片】任务窗格

（4）打开【浏览】对话框，选择需要使用的现有演示文稿，单击【打开】按钮，如图 2-12所示。

（5）此时，【重用幻灯片】任务窗格中显示现有演示文稿中所有可用的幻灯片，在幻灯片列表中单击需要的幻灯片，将其插入到指定位置，如图 2-13 所示。

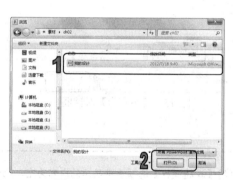

图 2-12　【浏览】对话框

图 2-13　插入现有幻灯片

②.1.4　其他创建方法

除了前面介绍的方法外，用户可以通过其他创建方法来创建特定样式的演示文稿，例如通过自定义模板创建演示文稿、使用 Web 模板创建演示文稿。

1. 通过自定义模板创建演示文稿

用户可以将自定义演示文稿保存为【PowerPoint 模板】类型，使其成为一个自定义模板保存在【我的模板】中。当需要使用该模板时，在【我的模板】列表框中调用即可。

自定义模板可由以下两种方法获得。

⦿ 在演示文稿中自行设计主题、版式、字体样式、背景图案、配色方案等基本要素，然后保存为模板。

⦿ 由其他途径(如下载、共享、光盘等)获得的模板。

【例2-4】将从其他途径获得的模板保存到【我的模板】列表框中，并调用该模板。

(1) 启动 PowerPoint 2010 应用程序，双击打开预先设计好的模板，如图2-14所示。

(2) 单击【开始】按钮，在弹出的【开始】菜单中选择【另存为】命令，打开【另存为】对话框。

(3) 在【文件名】文本框中输入模板名称，在【保存类型】下拉列表框中选择【PowerPoint 模板】选项，此时对话框中的【保存位置】下拉列表框将自动更改保存路径，如图2-15所示。

(4) 单击【保存】按钮，将模板保存到 PowerPoint 默认模板存储路径下。

图2-14　打开设计模板

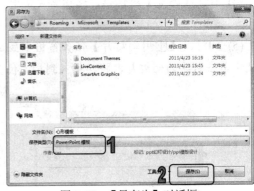
图2-15　【另存为】对话框

 知识点

初次使用【我的模板】时，在【新建演示文稿】对话框的【我的模板】选项卡中显示的内容为空，此时用户可以使用上面的实例步骤向【我的模板】选项卡中添加和保存模板。

(5) 关闭保存后的模板。启动 PowerPoint 2010 应用程序，打开一个空白演示文稿。

(6) 单击【文件】按钮，从弹出的菜单中选择【新建】命令，在【可用的模板和主题】列表框中选择【我的模板】选项，如图2-16所示。

(7) 打开，【新建演示文稿】对话框的【个人模板】选项卡，选择刚刚创建的自定义模板，单击【确定】按钮，如图2-17所示。

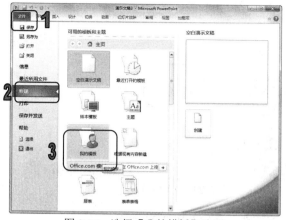

图 2-16　选择【我的模板】选项

图 2-17　【新建演示文稿】对话框

(8) 此时，模板被应用到当前演示文稿中，如图 2-18 所示。

图 2-18　自定义模板创建的演示文稿

提示

在 PowerPoint 2010 中，【我的模板】的默认路径为 C:\Users\cxz\AppData\Roaming\Microsoft\Templates。

计算机 基础与实训教材系列

2. 使用 Web 模板创建演示文稿

相比之前版本的 PowerPoint，PowerPoint 2010 着重增强了网络功能，允许用户从微软的 Office 官方网站下载相关的 PowerPoint 模板。

PowerPoint 将从官方网站下载 PowerPoint 模板的功能集成到了软件中。用户只需保持本地计算机的网络畅通，即可在创建演示文稿时，直接调用互联网中的资源。

【例 2-5】直接使用 Web 模板创建演示文稿。

(1) 启动 PowerPoint 2010 应用程序，打开一个空白演示文稿。

(2) 单击【文件】按钮，从弹出的【文件】菜单中选择【新建】命令，在【Office.com 模板】列表中选择【贺卡】分类，如图 2-19 所示。

(3) 在打开【贺卡】列表中选择【节日】分类，如图 2-20 所示。

(4) 在节日模板中选择一种需要的模板，单击【下载】按钮，开始下载演示文稿，如图 2-21 所示。

图 2-19 【Office.com 模板】列表框

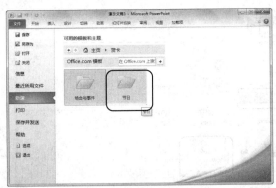
图 2-20 【贺卡】列表框

(5) 打开【正在下载模板】对话框，显示正在下载信息，如图 2-22 所示。

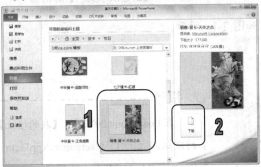
图 2-21 【节日】列表框

图 2-22 【正在下载模板】对话框

(6) 下载完成后，婚礼模板将被应用在新建的演示文稿中，效果如图 2-23 所示。

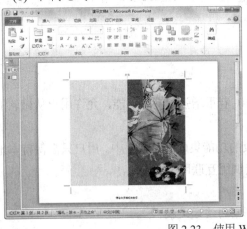
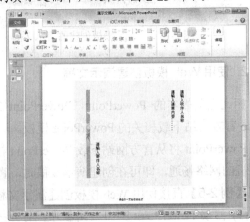
图 2-23 使用 Web 模板创建的演示文稿

②.2 打开、保存和关闭演示文稿

要制作出精美的演示文稿，首先必须从最基本的操作开始。基本操作包括打开和关闭演示文稿、保存演示文稿。

2.2.1 打开演示文稿

使用 PowerPoint 2010 不仅可以创建演示文稿,还可以打开已有的演示文稿,对其进行编辑。PowerPoint 允许用户通过以下几种方法打开演示文稿。

- ● 直接双击打开:Windows 操作系统会自动为所有 ppt、pptx 等格式的演示文稿、演示模板文件建立文件关联,用户只需双击这些文档,即可启动 PowerPoint 2010,同时打开指定的演示文稿。

- ● 通过【文件】菜单打开:单击【文件】按钮,从弹出的【文件】菜单中选择【打开】命令,打开【打开】对话框,选择演示文稿,单击【打开】按钮即可,如图 2-24 所示。

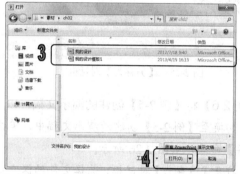

图 2-24 通过【文件】菜单打开演示文稿

- ● 通过快速访问工具栏打开:在快速访问工具栏中单击【自定义快速访问工具栏】按钮，在弹出的菜单中选择【打开】命令,将【打开】命令按钮添加到快速访问工具栏中。单击该按钮,打开【打开】对话框,选择相应的演示文稿,单击【打开】按钮即可。

- ● 使用快捷键打开:在 PowerPoint 2010 窗口中,直接按 Ctrl+O 组合键,打开【打开】对话框,选择演示文稿,单击【打开】按钮即可。

📖 **知识点** --------

PowerPoint 2010 关联的文档主要包括 6 种,即扩展名为 ppt、pptx、pot、potx、pps 和 ppsx 的文档。除了以上介绍的几种打开演示文稿的方法外,用户还可以直接选择外部的演示文稿,然后使用鼠标将演示文稿拖动到 PowerPoint 2010 窗口中,同样可以打开该演示文稿。

2.2.2 保存演示文稿

文件的保存是一种常规操作,在演示文稿的创建过程中及时保存工作成果,可以避免数据的意外丢失。保存演示文稿的方式很多,一般情况下的保存方法与其他 Windows 应用程序相似。下面将逐一介绍这些方法。

1. 常规保存

在进行文件的常规保存时，可以在快速访问工具栏中单击【保存】按钮 ，也可以单击【文件】按钮，在弹出的菜单中选择【保存】命令。当用户第一次保存该演示文稿时，将打开【另存为】对话框，如图 2-25 所示，供用户选择保存位置和命名演示文稿。

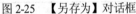

图 2-25 【另存为】对话框

> **提示**
>
> 在【保存位置】下拉列表框中可以选择文件保存的路径；在【文件名】文本框中可以修改文件名称；在【保存类型】下拉列表框中选择文件的保存类型。

【例 2-6】将【例 2-5】创建的演示文稿，以"婚礼请柬"为名保存在 D 盘中。

(1) 切换至【例 2-5】创建的演示文稿中，单击【文件】按钮，从弹出的【文件】菜单中选择【保存】命令，如图 2-26 所示。

(2) 打开【另存为】对话框，选择文件的保存路径，这里选择【本地磁盘(D:)】选项，在【文件名】文本框中输入"婚礼请柬"，如图 2-27 所示。

计算机 基础与实训教材系列

图 2-26 执行保存操作

图 2-27 保存设置

(3) 单击【保存】按钮，演示文稿将以"婚礼请柬"为名保存在 D 盘中，此时 PowerPoint 标题栏自动显示保存后的文件名，如图 2-28 所示。

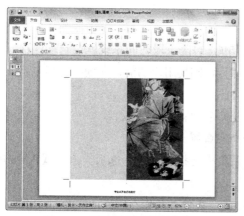

图 2-28 显示保存后的文件名

提示

再次修改演示文稿并进行保存时，直接单击【文件】按钮，在弹出的【文件】菜单中选择【保存】命令，或者按 Ctrl+S 快捷键即可。此时，不再打开【另存为】对话框。

2. 另存为

另存演示文稿实际上是指在其他位置或以其他名称保存已保存过的演示文稿的操作。将演示文稿另存为的方法和第一次进行保存的操作类似，不同的是它能保证编辑操作对原文档不产生影响，相当于将当前打开的演示文稿做一个备份。

【例2-7】将【例2-3】创建的演示文稿以"宽屏模板"为名进行另存为操作。

(1) 启动 PowerPoint 2010 应用程序，打开【例2-3】创建的演示文稿。

(2) 单击【文件】按钮，从弹出的【文件】菜单中选择【另存为】命令，如图2-29所示。

(3) 打开【另存为】对话框，设置演示文稿的保存路径，在【文件名】文本框中输入文本"宽屏模板"，单击【保存】按钮，如图2-30所示。

图 2-29 执行另存为操作

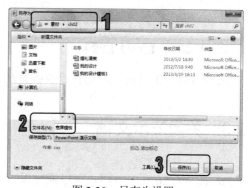

图 2-30 另存为设置

(4) 返回至演示文稿窗口，即可看到标题栏中的演示文稿的名称已经变成了"宽屏模板"。

提示

当制作好一个演示文稿后，也可以将其保存为模板，以备以后使用。将演示文稿保存为模板的操作方法可以参考【例2-4】，在此不做详细阐述。

3. 自动保存

PowerPoint 2010 新增了一种自动备份文件的功能，每隔一段时间系统就会自动保存一次文件。当用户关闭 PowerPoint 时，若没有执行保存操作，则使用该功能，即使在退出 PowerPoint 之前未保存文件，系统也会恢复到最近一次的自动备份。

【例 2-8】设置文件的自动保存参数，并自动恢复未保存的文件。

(1) 启动 PowerPoint 2010 应用程序，打开一个空白演示文稿。

(2) 单击【文件】按钮，从弹出的【文件】菜单中选择【选项】选项，打开【PowerPoint 选项】对话框。

(3) 打开【保存】选项卡，设置文件的保存格式、文件自动保存时间间隔为 5 分钟、自动恢复文件位置和默认文件位置，如图 2-31 所示。

(4) 单击【文件】按钮，从弹出的【文件】菜单中选择【最近所用文件】命令，在右侧的窗格中单击【恢复未保存的演示文稿】按钮，如图 2-32 所示。

图 2-31　【保存】选项卡

图 2-32　【最近所用文件】列表框

(5) 打开【打开】对话框，选择需要恢复的文件，单击【打开】按钮即可。

②.2.3　关闭演示文稿

在 PowerPoint 2010 中，用户可以通过以下方法将已打开的演示文稿关闭。

- 直接单击 PowerPoint 2010 应用程序窗口右上角的【关闭】按钮，关闭当前打开的演示文稿。
- 单击【文件】按钮，从弹出的【文件】菜单中选择【退出】命令，如图 2-33 所示，同样可以关闭打开的演示文稿，同时也会关闭 PowerPoint 2010 应用程序窗口。
- 在 Windows 任务栏中右击 PowerPoint 2010 程序图标按钮，从弹出的快捷菜单中选择【关闭窗口】命令，如图 2-34 所示，关闭演示文稿，同时关闭 PowerPoint 2010 应用程序窗口。

图 2-33　执行退出程序操作

图 2-34　在 Windows 任务栏执行关闭窗口操作

- 按 Ctrl+F4 组合键，直接关闭当前已打开的演示文稿；按 Ctrl+F4 组合键，则除了关闭演示文稿外，还会关闭整个 PowerPoint 2010 应用程序窗口。

②.3　管理幻灯片

幻灯片是演示文稿的重要组成部分，因此在 PowerPoint 2010 中需要掌握幻灯片的管理工作，主要包括选择幻灯片、插入幻灯片、移动与复制幻灯片、删除幻灯片和隐藏幻灯片等。

②.3.1　选择幻灯片

在 PowerPoint 2010 中，用户可以选中一张或多张幻灯片，然后对选中的幻灯片进行操作。以下是在普通视图中选择幻灯片的方法。

- 选择单张幻灯片：无论是在普通视图还是在幻灯片浏览视图下，只需单击需要的幻灯片，即可选中该张幻灯片。
- 选择编号相连的多张幻灯片：首先单击起始编号的幻灯片，然后按住 Shift 键，单击结束编号的幻灯片，此时两张幻灯片之间的多张幻灯片被同时选中，如图 2-35 所示。
- 选择编号不相连的多张幻灯片：在按住 Ctrl 键的同时，依次单击需要选择的每张幻灯片，即可同时选中单击的多张幻灯片。在按住 Ctrl 键的同时再次单击已选中的幻灯片，则取消选择该幻灯片，如图 2-36 所示。
- 选择全部幻灯片：无论是在普通视图还是在幻灯片浏览视图下，按 Ctrl+A 组合键，即可选中当前演示文稿中的所有幻灯片。

此外，在幻灯片浏览视图下，用户直接在幻灯片之间的空隙中按下鼠标左键并拖动，此时鼠标划过的幻灯片都将被选中，如图 2-37 所示。

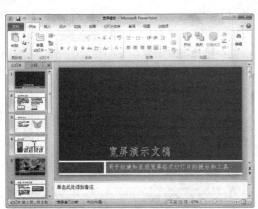 

图 2-35　选择编号相连的多张幻灯片　　　　图 2-36　选择编号不相连的多张幻灯片

> 在幻灯片浏览视图窗口空白处按下鼠标左键，当鼠标指针变为形状时，鼠标划过的幻灯片都将被选中

图 2-37　在幻灯片浏览视图模式下同时选择多张幻灯片

知识点

在对幻灯片进行操作时，最为方便的视图模式是幻灯片浏览视图。对于小范围或少量的幻灯片操作，也可以在普通视图模式下进行。

②.3.2　插入幻灯片

在启动 PowerPoint 2010 应用程序后，PowerPoint 会自动建立一张新的幻灯片，随着制作过程的推进，需要在演示文稿中插入更多的幻灯片。

要插入新幻灯片，可以通过【幻灯片】组插入，也可以通过右击插入，甚至可以通过键盘操作插入。下面将介绍这几种插入幻灯片的方法。

1. 通过【幻灯片】组插入

在幻灯片预览窗格中，选择一张幻灯片，打开【开始】选项卡，在功能区的【幻灯片】组中单击【新建幻灯片】按钮，即可插入一张默认版式的幻灯片。当需要应用其他版式时，单击【新建幻灯片】按钮右下方的下拉箭头，在弹出的版式菜单中选择【标题和内容】选项，即可插入该样式的幻灯片，如图 2-38 所示。

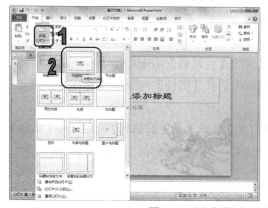
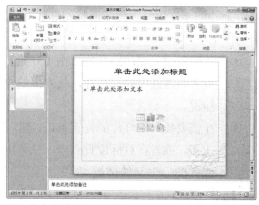

图 2-38　通过【幻灯片】组插入特定版式的幻灯片

2. 通过右击插入

在幻灯片预览窗格中，选择一张幻灯片，右击该幻灯片，从弹出的快捷菜单中选择【新建幻灯片】命令，即可在选择的幻灯片之后插入一张新的幻灯片，如图 2-39 所示。该幻灯片与选中的幻灯片具有同样的版式。

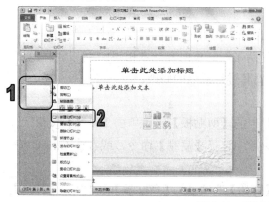
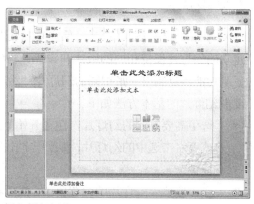

图 2-39　通过右击插入新幻灯片

3. 通过键盘操作插入

通过键盘操作插入幻灯片的方法是最为快捷的方法。在幻灯片预览窗格中，选择一张幻灯片，然后按 Enter 键，或按 Ctrl+M 组合键，即可快速插入一张与选中幻灯片具有相同版式的新幻灯片。

②.3.3 移动与复制幻灯片

在 PowerPoint 2010 中，用户可以方便地对幻灯片进行移动与复制操作。

1. 移动幻灯片

在制作演示文稿时，为了调整幻灯片的播放顺序，此时就需要移动幻灯片。移动幻灯片的基本方法如下。

- 选中需要复制的幻灯片，在【开始】选项卡的【剪贴板】组中单击【剪切】按钮，或者右击选中的幻灯片，从弹出的快捷菜单中选择【剪切】命令，或者按 Ctrl+X 快捷键。
- 在需要插入幻灯片的位置单击，然后在【开始】选项卡的【剪贴板】组中单击【粘贴】按钮，或者在目标位置右击，从弹出的快捷菜单中选择【粘贴选项】命令中的选项，或者按 Ctrl+V 快捷键。

知识点

在 PowerPoint 2010 中，除了可以移动同一个演示文稿中的幻灯片之外，还可以移动不同演示文稿中的幻灯片，方法为：在任意窗口中，打开【视图】选项卡，在【窗口】组中单击【全部重排】按钮，此时系统自动将两个演示文稿显示在一个界面中。然后选择要移动的幻灯片，按住鼠标左键不放，拖动幻灯片至另一演示文稿中，此时目标位置上将出现一条横线，释放鼠标即可。

2. 复制幻灯片

PowerPoint 支持以幻灯片为对象的复制操作。在制作演示文稿时，为了使新建的幻灯片与已经建立的幻灯片保持相同的版式和设计风格(即使两张幻灯片内容基本相同)，可以利用幻灯片的复制功能，复制出一张相同的幻灯片，然后再对其进行适当的修改。

复制幻灯片的基本方法如下。

- 选中需要复制的幻灯片，在【开始】选项卡的【剪贴板】组中单击【复制】按钮，或者右击选中的幻灯片，从弹出的快捷菜单中选择【复制】命令，或者按 Ctrl+C 快捷键。
- 在需要插入幻灯片的位置单击，然后在【开始】选项卡的【剪贴板】组中单击【粘贴】按钮，或者在目标位置右击，从弹出的快捷菜单中选择【粘贴选项】命令中的选项，或者按 Ctrl+V 快捷键。

知识点

另外，用户还可以通过鼠标左键拖动的方法复制幻灯片，方法很简单：选择要复制的幻灯片，按住 Ctrl 键，然后按住鼠标左键拖动选定的幻灯片，在拖动的过程中，出现一条竖线表示选定幻灯片的新位置，此时释放鼠标左键，再松开 Ctrl 键，选择的幻灯片将被复制到目标位置。

②.3.4　删除幻灯片

在演示文稿中删除多余幻灯片是清除大量冗余信息的有效方法。删除幻灯片的方法主要有以下两种：

- ◉ 选择要删除的幻灯片，右击该幻灯片，从弹出的快捷菜单中选择【删除幻灯片】命令。
- ◉ 选择要删除的幻灯片，直接按 Delete 键，即可删除所选的幻灯片。

【例 2-9】在【宽屏模板】演示文稿中删除第 5 与第 8 张幻灯片。

(1) 启动 PowerPoint 2010 应用程序，打开【宽屏模板】演示文稿。

(2) 在左侧的幻灯片缩略图窗格中选择第 5 张幻灯片，并右击，从弹出的快捷菜单中选择【删除幻灯片】命令，如图 2-40 所示。

(3) 此时，即可删除选中的幻灯片，重新编号后面的幻灯片，如图 2-41 所示。

图 2-40　选择【删除幻灯片】命令

图 2-41　删除第 5 张幻灯片后的效果

(4) 在左侧的幻灯片缩略图窗格中选择第 7 张幻灯片(原演示文稿的第 8 张幻灯片)，按下 Delete 键，即可将原演示文稿的第 8 张幻灯片删除，如图 2-42 所示。

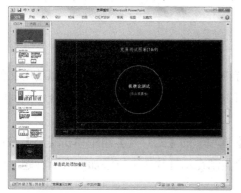

图 2-42　删除原演示文稿的第 8 张幻灯片

(5) 单击【文件】按钮，从弹出的【文件】菜单中选择【保存】命令，快速保存删除后的【宽屏模板】演示文稿。

②.3.5 隐藏幻灯片

制作好的演示文稿中有的幻灯片可能不是每次放映时都需要放映出来，此时就可以将暂时不需要的幻灯片隐藏起来。

【例2-10】在【宽屏模板】演示文稿中隐藏第4张幻灯片。

(1) 启动 PowerPoint 2010 应用程序，打开【宽屏模板】演示文稿。

(2) 在幻灯片预览窗口中选中第4张幻灯片缩略图，并右击，从弹出的快捷菜单中选择【隐藏幻灯片】命令，如图2-43所示。

(3) 此时，即可隐藏选中的幻灯片，在幻灯片预览窗口中隐藏的幻灯片编号上将显示标志，如图2-44所示。

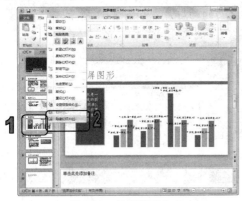
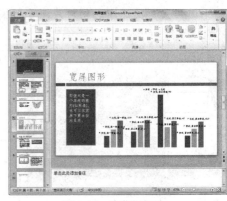

图2-43 执行隐藏命令　　　　图2-44 隐藏幻灯片

(4) 在快速访问工具栏中单击【保存】按钮，快速保存隐藏幻灯片后的【宽屏模板】演示文稿。

②.3.6 设置幻灯片的节

在 PowerPoint 2010 中，用户可以使用新增的节功能来组织幻灯片。节功能类似使用文件夹组织文件一样，不仅可以跟踪幻灯片组，而且还可以将节分配给其他用户，明确合作期间的所有权。

打开演示文稿，选择目标幻灯片，在【开始】选项卡的【幻灯片】组中单击【节】按钮，从弹出的菜单中选择【新增节】命令，此时系统会自动在幻灯片的上方添加一个节标题，如图2-45所示。

📖 **知识点**

打开【开始】选项卡，在【幻灯片】组中单击【节】按钮，从弹出的菜单中选择【删除所有节】命令，即可删除幻灯片中的所有节。

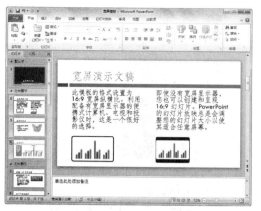

图 2-45　创建幻灯片的节

计算机 基础与实训教材系列

将光标定位在左侧幻灯片缩略图中两张幻灯片中间的位置，并右击，从弹出的快捷菜单中选择【新增节】命令，同样可以快速增加新节。

选择创建的节，在【幻灯片】组中单击【节】按钮，从弹出的菜单中选择【重命名节】命令，打开【重命名节】对话框，在【节名称】文本框中输入节名称，单击【重命名】按钮，此时即可设置节的名称，如图 2-46 所示。在【幻灯片】组中单击【节】按钮，从弹出的菜单中选择【全部折叠】命令，此时在左侧的幻灯片缩略图窗口中只显示节名称，如图 2-47 所示。

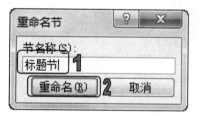

图 2-46　命名幻灯片的节

图 2-47　折叠显示节名称

②.4　上机练习

本章的上机练习主要练习使用模板创建新演示文稿、编辑幻灯片、保存演示文稿等操作方法，使用户更好地掌握演示文稿的基本操作方法和技巧。

(1) 启动 PowerPoint 2010 应用程序，打开一个空白演示文稿。

(2) 单击【文件】按钮，从弹出的【文件】菜单中选择【新建】命令，在中间的【可用的模板和主题】列表框中选择【样本模板】选项。

(3) 在打开的【样本模板】列表框中选择【培训】模板选项，单击【创建】按钮，如图 2-48 所示。

(4) 此时，新建一个名为【演示文稿2】演示文稿，并显示样式和文本效果，如图 2-49 所示。

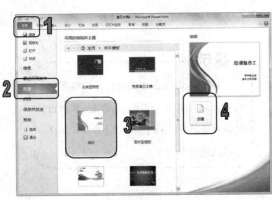

图 2-48　选择样本模板

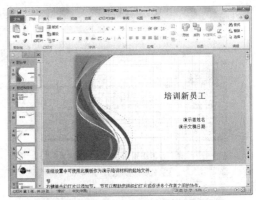

图 2-49　根据【培训】模板创建演示文稿

(5) 选中幻灯片缩略图窗格中的【默认节】节，在【开始】选项卡的【幻灯片】组中单击【节】按钮，从弹出的菜单中选择【重命名节】命令，打开【重命名节】对话框。

(6) 在【节名称】文本框中输入名称"标题节"，单击【重命名】按钮，即可重新命名【默认节】的节名称，如图 2-50 所示。

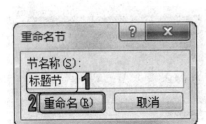

图 2-50　重命名节

(7) 选中第 3 至第 5 张幻灯片，并右击，从弹出的快捷菜单中选择【删除幻灯片】命令，如图 2-51 所示。

(8) 此时，即可删除选中的幻灯片，后面的幻灯片将自动重新编号，如图 2-52 所示。

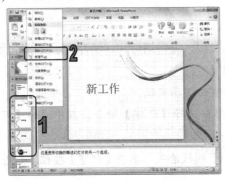

图 2-51　执行删除幻灯片操作

图 2-52　删除幻灯片后的效果

(9) 选中最后 1 张幻灯片并右击，从弹出的快捷菜单中选择【删除节和幻灯片】命令。即可在删除该幻灯片的同时删除节，如图 2-53 所示。

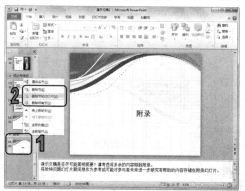
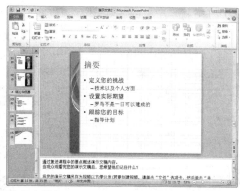

图 2-53　删除节和幻灯片

(10) 在左侧幻灯片缩略图窗格中选中第 10 张幻灯片，按住鼠标左键不放，将其移动到第 5 和第 6 张幻灯片之间，当出现一条横线时，释放鼠标左键即可完成移动操作，如图 2-54 所示。

图 2-54　使用鼠标拖动移动幻灯片

(11) 在【幻灯片】组中单击【节】按钮，从弹出的菜单中选择【全部折叠】命令，此时在左侧的幻灯片缩略图窗口中只显示节名称，如图 2-55 所示。

(12) 双击【标题 1】节，即可展开该节下的两张幻灯片，如图 2-56 所示。

图 2-55　折叠所有的节　　　　　　图 2-56　展开指定节

(13) 在快速访问工具栏中单击【保存】按钮■，打开【另存为】对话框，选择保存路径，在【文件名】文本框中输入"员工培训"，单击【保存】按钮，即可将编辑过的演示文稿保存，如图 2-57 所示。

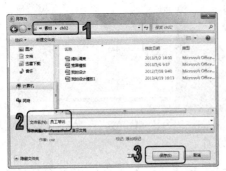
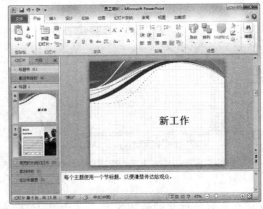

图 2-57　保存创建后的演示文稿

2.5　习题

1. 简述创建演示文稿的常用方法。

2. 简述插入幻灯片的 3 种不同方式。

3. 简述复制和移动幻灯片的区别。

4. 简述保存演示文稿的方法。

5. 使用 PowerPoint 自带的样本模板【小测验短片】创建一个演示文稿，然后删除第 4~8 张幻灯片。

6. 从 Office Online 中下载【人事】类别下的【营销人员招聘】模板，并将其应用到当前演示文稿中。

7. 将如图 2-58 所示的演示文稿设置为【我的模板】，然后调用该模板创建新演示文稿。

图 2-58　习题 7

格式化幻灯片文本

学习目标

　　文字是演示文稿中至关重要的组成部分，简洁的文字说明使演示文稿更为直观明了。另外，为了使幻灯片中的文本层次分明，条理清晰，可以为幻灯片中的段落设置格式和级别，如使用不同的项目符号和编号来标识段落层次等。本章主要介绍在幻灯片中添加文本、修饰演示文稿中的文字、设置文本格式、使用项目符号和编号设置段落级别、设置段落格式等操作。

本章重点

- ⊙　使用占位符
- ⊙　使用文本框
- ⊙　编辑文本
- ⊙　设置文本格式
- ⊙　设置段落格式
- ⊙　使用项目符号和编号

③.1　使用占位符

　　占位符是包含文字和图形等对象的容器，其本身是构成幻灯片内容的基本对象，具有自己的属性。用户可以对其中的文字进行操作，也可以对占位符本身进行大小调整、移动、复制、粘贴及删除等操作。

③.1.1　选择占位符

　　要在幻灯片中选中占位符，可以使用如下方法进行选择。

- 在文本编辑状态下，单击其边框，即可选中该占位符。
- 在幻灯片中可以拖动鼠标选择占位符。当鼠标指针处在幻灯片的空白处时，按下鼠标左键并拖动，此时将出现一个虚线框，当释放鼠标时，处在虚线框内的占位符都会被选中。
- 在按住键盘上的 Shift 键或 Ctrl 键时依次单击多个占位符，可同时选中它们。

提示

按住 Shift 键和按住 Ctrl 键的不同之处在于：按住前者只能选择一个或多个占位符，而按住后者时，除了可以同时选中多个占位符外，还可拖动选中的占位符，实现对所选占位符的复制操作。

占位符的文本编辑状态与选中状态的主要区别是边框的形状，如图 3-1 所示。单击占位符内部，在占位符内部出现一个光标，此时占位符处于编辑状态。

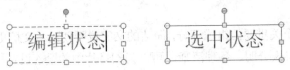

图 3-1　占位符的编辑与选中状态

知识点

打开【开始】选项卡，在功能区的【编辑】组中单击【选择】按钮，从弹出的快捷菜单中选择【选择窗格】命令，打开【选择和可见性】任务窗格。在该窗格中选择相应的占位符，即可选中幻灯片中对应的占位符，如图 3-2 所示。

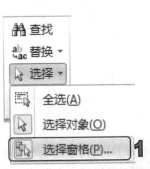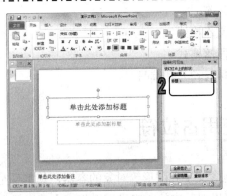

图 3-2　使用【选择和可见性】窗格选择占位符

③.1.2　添加占位符文本

占位符文本的输入主要在普通视图中进行，而普通视图分为幻灯片和大纲两种视图方式，在这两种视图方式中都可以输入文本。

1. 在幻灯片视图中输入文本

新建一个空白演示文稿，切换到幻灯片预览窗格，然后在幻灯片编辑窗格中，单击【单击此处添加标题】占位符内部，进入编辑状态，即可开始输入文本，如图 3-3 所示。

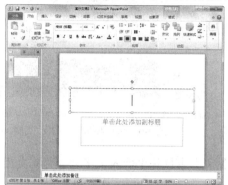

图 3-3 在幻灯片视图中输入文本

2. 在大纲视图中输入文本

新建一个空白演示文稿，在左侧的幻灯片预览窗格中单击【大纲】标签，切换至大纲窗格，将光标定位在要输入文本的幻灯片图标下，直接输入文本即可，如图 3-4 所示。

图 3-4 在大纲视图中输入文本

【例 3-1】创建【产品展销】演示文稿，在占位符中输入文本。

(1) 启动 PowerPoint 2010 应用程序，打开一个空白演示文稿，单击【文件】按钮，从弹出的【文件】菜单中选择【新建】命令，在中间的窗格中选择【我的模板】选项。

(2) 打开【新建演示文稿】对话框，选择需要使用的模板，单击【确定】按钮，如图 3-5 所示。

(3) 此时，将新建一个基于模板的演示文稿，并将其以"光盘策划提案"为名进行保存，如图 3-6 所示。

(4) 单击【单击此处添加标题】文本占位符内部，此时该占位符中将出现闪烁的光标，在其中输入文字"时尚橱柜展销"，如图 3-7 所示。

计算机 基础与实训教材系列

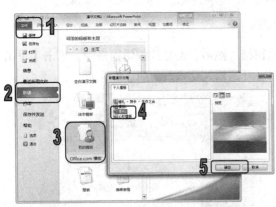

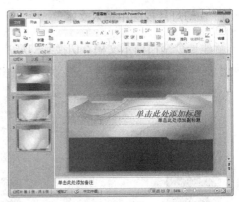

图 3-5　选择【我的模板】中的模板　　　　图 3-6　调用模板后的演示文稿

(5) 使用相同方法，在【单击此处添加副标题】文本占位符中输入文字 "——完美生活体验开始"，如图 3-8 所示。

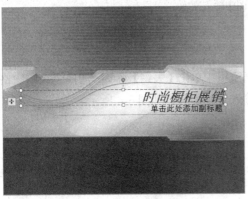

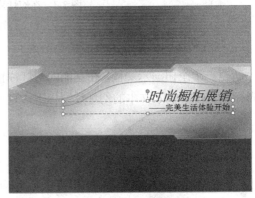

图 3-7　在占位符中输入正标题　　　　　图 3-8　在占位符中输入副标题

(6) 在幻灯片预览窗格中选择第 2 张幻灯片缩略图，使其位于幻灯片编辑窗格中。

(7) 在【单击此处添加标题】文本占位符中输入标题文本；在【单击此处添加文本】文本占位符中输入文字，效果如图 3-9 所示。

(8) 参照步骤(6)与步骤(7)，在幻灯片的占位符中输入如图 3-10 所示的文本。

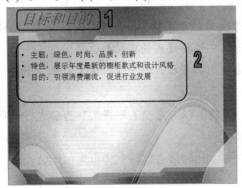

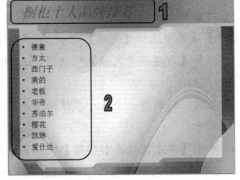

图 3-9　输入第 3 张幻灯片文本　　　　　图 3-10　输入第 4 张幻灯片文本

(9) 在【开始】选项卡的【幻灯片】组中单击【新建幻灯片】按钮，即可在演示文稿中添加一张新幻灯片。

(10) 单击【单击此处添加标题】文本占位符内部，在其中输入文字"幸运活动"，如图 3-11 所示。

(11) 使用同样的方法，添加另一张新幻灯片，并输入文本，效果如图 3-12 所示。

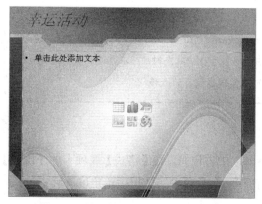

图 3-11 输入第 4 张幻灯片标题文本

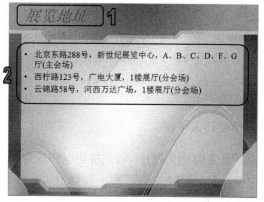

图 3-12 输入第 5 张幻灯片文本

(12) 在快速访问工具栏中单击【保存】按钮，保存创建的【产品展销】演示文稿。

3.1.3 设置占位符属性

在 PowerPoint 2010 中，占位符、文本框及自选图形等对象具有相似的属性，如对齐方式、颜色、形状等，设置它们属性的操作是相似的。在幻灯片中选中占位符时，功能区将出现【绘图工具】的【格式】选项卡，如图 3-13 所示。通过该选项卡中的各个按钮和命令，即可设置占位符的属性。

图 3-13 【格式】选项卡

1. 调整占位符

调整占位符主要是指调整其大小。当占位符处于选中状态时，将鼠标指针移动到占位符右下角的控制点上，此时鼠标指针变为 形状。按住鼠标左键并向内拖动，调整到合适大小时释放鼠标即可缩小占位符，如图 3-14 所示。

另外，在占位符处于选中状态时，系统自动打开【绘图工具】的【格式】选项卡，在如图 3-15 所示的【大小】组的【形状高度】和【形状宽度】文本框中可以精确地设置占位符大小。

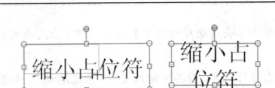

图 3-14　缩小占位符　　　　　　　　　　图 3-15　【大小】组

提示 ·

当占位符处于选中状态时，将鼠标指针移动到占位符的边框时将显示 形状，此时按住鼠标左键并拖动文本框到目标位置，释放鼠标即可移动占位符。当占位符处于选中状态时，可以通过键盘方向键来移动占位符的位置。使用方向键移动的同时按住 Ctrl 键，可以实现占位符的微移。

2. 旋转占位符

在设置演示文稿时，占位符可以任意角度旋转。选中占位符，在【格式】选项卡的【排列】组中单击【旋转】按钮 ，在弹出的菜单中选择相应命令即可实现按指定角度旋转占位符，如图 3-16 所示。

图 3-16　水平放置的占位符向左旋转 90°、垂直翻转和向右旋转 90°后的效果

单击【旋转】按钮后，在弹出的菜单中选择【其他旋转选项】命令，将打开如图 3-17 所示的【设置形状格式】对话框。在【尺寸和旋转】选项区域中设置【高度】为 2.5 厘米，【宽度】为 5.2 厘米，【旋转】角度为 30°。单击【关闭】按钮，得到的占位符效果如图 3-18 所示。

图 3-17　【设置形状格式】对话框　　　　　图 3-18　自定义占位符的高度、宽度和旋转角度

提示

设置占位符旋转的角度，正常为 0°，正数表示顺时针旋转，负数表示逆时针旋转。设置负数后，PowerPoint 会自动转换为对应的 360°之内的数值。此外，通过鼠标同样可以旋转占位符：选中占位符后，将光标移至占位符的绿色调整柄上，按住鼠标左键，此时光标变成 形状，旋转占位符至合适方向即可。

3. 对齐占位符

如果一张幻灯片中包含两个或两个以上的占位符，用户可以通过选择相应命令来左对齐、右对齐、左右居中或横向分布占位符。

在幻灯片中选中多个占位符，在【格式】选项卡的【排列】组中单击【对齐】按钮，此时在弹出的菜单中选择相应命令，即可设置占位符的对齐方式，如图 3-19 所示。

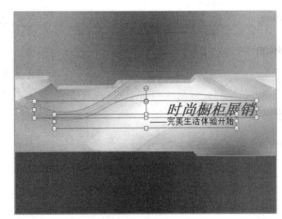

图 3-19　设置占位符左右居中

4. 设置占位符的形状

占位符的形状设置包括形状样式、形状填充颜色、形状轮廓和形状效果等的设置。通过设置占位符的形状，可以自定义内部纹理、渐变样式、边框颜色、边框粗细、阴影效果、反射效果等。

- 更改形状样式：PowerPoint 2010 内置 42 种形状样式，用户可以在【形状样式】组中单击【其他】下拉按钮，在弹出的如图 3-20 所示的列表框中选择需要的样式即可。
- 设置形状填充颜色：在【形状样式】组中单击【形状填充】按钮，在弹出的如图 3-21 所示的下拉列表框中可以设置占位符的填充颜色。
- 设置形状轮廓：在【形状样式】组中单击【形状轮廓】按钮，在弹出的如图 3-22 所示的下拉列表框中可以设置占位符轮廓线条颜色、线型等。
- 设置形状效果：在【形状样式】组中单击【形状效果】按钮，从弹出的如图 3-23 所示的下拉菜单中可以为占位符设置阴影、映像、发光等效果。

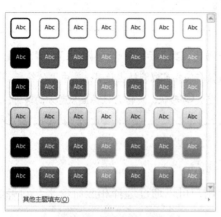

图 3-20 设置形状样式

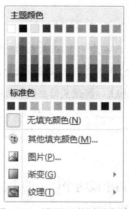

图 3-21 设置形状填充颜色

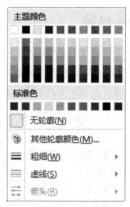

图 3-22 设置形状轮廓

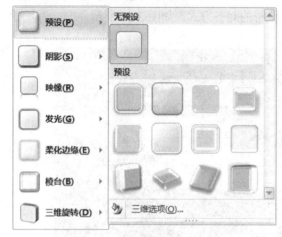

图 3-23 设置形状效果

提示

另外，用户也可以在【开始】选项卡的【绘图】组中为占位符设置形状、样式、形状颜色、形状轮廓和形状效果。

【例 3-2】在【产品展销】演示文稿中，为占位符设置填充颜色、线条颜色、透明度、线型和旋转角度。

(1) 启动 PowerPoint 2010 应用程序，打开【产品展销】演示文稿。

(2) 在幻灯片预览窗格中选择第 2 张幻灯片缩略图，使其位于幻灯片编辑窗格中。

(3) 选中标题占位符，打开【绘图工具】的【格式】选项卡，在【形状样式】组中单击对话框启动器，打开【设置形状格式】对话框。

(4) 打开【填充】选项卡，在右侧的【填充】选项区域中选中【纯色填充】单选按钮；在【填充颜色】选项区域中单击【颜色】下拉按钮，从弹出的颜色面板中选择【白色】色块，在【透明度】文本框中输入 70%，如图 3-24 所示。

(5) 打开【线条颜色】选项卡，在【线条颜色】选项区域中选中【实线】单选按钮，单击【颜色】下拉按钮，从弹出的颜色面板中选择【橙色】色块，如图 3-25 所示。

(6) 打开【线型】选项卡，在【宽度】微调框中输入 "1.5 磅"，如图 3-26 所示。

(7) 单击【关闭】按钮，此时占位符效果如图 3-27 所示。

图 3-24　设置【填充】属性

图 3-25　设置【线条颜色】属性

图 3-26　设置【线型】属性

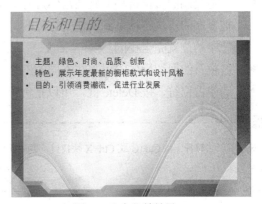

图 3-27　占位符效果

计算机 基础与实训教材系列

(8) 在幻灯片中选中正文占位符，在【格式】选项卡的【排列】组中单击【旋转】按钮，在弹出的菜单中选择【其他旋转选项】命令，打开【设置形状格式】对话框。

(9) 打开【大小】选项卡，在【尺寸和旋转】选项区域的【高度】文本框中输入 10，在【旋转】文本框中输入 20°，在【旋转】文本框中输入-3°，单击【关闭】按钮，如图 3-28 所示。

(10) 选中文本占位符，将鼠标指针移动到占位符的边框任意位置，当鼠标指针变为 ✛ 形状，按住鼠标左键并拖动其到目标位置，释放鼠标，此时占位符效果如图 3-29 所示。

图 3-28　【大小】选项卡

图 3-29　移动占位符

(11) 在快速访问工具栏中单击【保存】按钮 ▣，保存设置后的【产品展销】演示文稿。

③.1.4 复制、剪切、粘贴和删除占位符

用户可以对占位符进行复制、剪切、粘贴及删除等基本编辑操作。对占位符的编辑操作与对其他对象的操作相同，选中占位符后，在【开始】选项卡的【剪贴板】组中选择【复制】、【粘贴】及【剪切】等相应按钮即可。

- ◉ 在复制或剪切占位符时，会同时复制或剪切占位符中的所有内容和格式，以及占位符的大小和其他属性。
- ◉ 当把复制的占位符粘贴到当前幻灯片时，被粘贴的占位符将位于原占位符的附近；当把复制的占位符粘贴到其他幻灯片时，则被粘贴的占位符的位置将与原占位符在幻灯片中的位置完全相同。
- ◉ 占位符的剪切操作常用来在不同的幻灯片间移动内容。
- ◉ 选中占位符，按 Delete 键，可以把占位符及其内部的所有内容删除。

 提示 ⋯⋯

> 选中目标占位符，按 Ctrl+C 或 Ctrl+X 快捷键，复制或剪切占位符，然后按 Ctrl+V 快捷键，粘贴占位符至目标位置。

③.2 使用文本框

文本框是一种可移动、可调整大小的文字容器，它与文本占位符非常相似。使用文本框可以在幻灯片中放置多个文字块，使文字按照不同的方向排列。也可以突破幻灯片版式的制约，实现在幻灯片中任意位置添加文字信息的目的。

③.2.1 添加文本框

PowerPoint 2010 提供了两种形式的文本框：横排文本框和垂直文本框，分别用来放置水平方向的文字和垂直方向的文字。

打开【插入】选项卡，在【文本】组中单击【文本框】按钮下方的下拉箭头，在弹出的下拉菜单中选择【横排文本框】命令，移动鼠标指针到幻灯片的编辑窗口，当指针形状变为↓形状时，在幻灯片页面中按住鼠标左键并拖动，鼠标指针变成十字形状。当拖动到合适大小的矩形框后，释放鼠标完成横排文本框的插入；同样在【文本】组中单击【文本框】按钮下方的下拉箭头，在弹出的菜单中选择【竖排文本框】命令，移动鼠标指针在幻灯片中绘制竖排文本框，如图 3-30 所示。绘制完文本框后，光标自动定位在文本框内，即可开始输入文本。

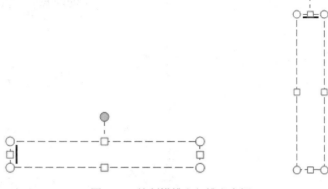

图 3-30　绘制横排和竖排文本框

【例 3-3】在【产品展销】演示文稿中，绘制文本框，并在文本框中添加文本。

(1) 启动 PowerPoint 2010 应用程序，打开【产品展销】演示文稿。

(2) 默认打开的第 1 张幻灯片，打开【插入】选项卡，在【文本】组中单击【文本框】下方的下拉箭头，在弹出的菜单中选择【横排文本框】命令。

(3) 移动鼠标指针到幻灯片的编辑窗口，当指针形状变为↓形状时，在幻灯片页面中按住鼠标左键并拖动，鼠标指针变成十字形状，拖动鼠标到合适大小的矩形框，释放鼠标完成横排文本框的插入，如图 3-31 所示。

(4) 此时，光标自动位于文本框内，在其中直接输入文本内容，如图 3-32 所示。

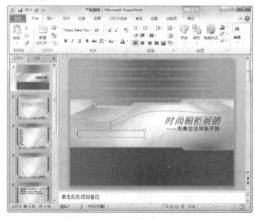

图 3-31　绘制横排文本框

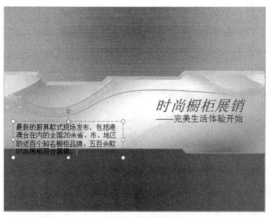

图 3-32　在横排文本框中输入文本

(5) 在幻灯片预览窗格中选择第 5 张幻灯片缩略图，将其显示在幻灯片编辑窗口中。

(6) 打开【插入】选项卡，在【文本】组中单击【文本框】下方的下拉箭头，在弹出的菜单中选择【垂直文本框】命令。

(7) 移动鼠标指针到幻灯片页面右下方，当指针形状变为↓形状时，按住鼠标左键并拖动，此时鼠标指针变成十字形状，拖动鼠标绘制竖排文本框，释放鼠标，完成竖排文本框的插入，如图 3-33 所示。

(8) 在竖排文本框中输入文本内容，效果如图 3-34 所示。

计算机 基础与实训教材系列

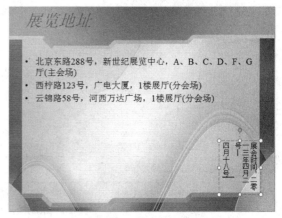

图 3-33　绘制竖排文本框　　　　　图 3-34　在竖排文本框中输入文本

(9) 在快速访问工具栏中单击【保存】按钮🖫，保存【产品展销】演示文稿。

3.2.2　设置文本框属性

计算机 基础与实训教材系列

文本框中新输入的文字没有任何格式，需要用户根据演示文稿的实际需要进行设置。文本框上方有一个绿色的旋转控制点，拖动该控制点可以方便地将文本框旋转至任意角度。

【例 3-4】在【产品展销】演示文稿中，设置文本框属性。

(1) 启动 PowerPoint 2010 应用程序，打开【产品展销】演示文稿。

(2) 在打开的第 1 张幻灯片编辑窗口中，选中横排文本框，将鼠标指针移动到文本框上方的绿色控制点上，此时鼠标指针将变为🔄形状。逆时针拖动该控制点，将文本框旋转 10° 左右，效果如图 3-35 所示。

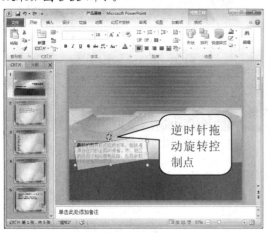

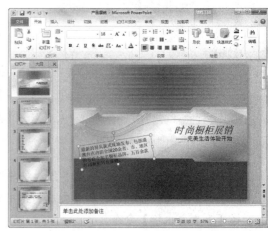

图 3-35　旋转横排文本框

(3) 打开【绘图工具】的【格式】选项卡，单击【形状样式】组中的对话框启动器，打开【设置形状格式】对话框。

(4) 打开【填充】选项卡，在【填充】选项区域中选中【渐变填充】单选按钮，在【预设颜色】下拉列表框中选择【麦浪滚滚】选项，如图 3-36 所示。

(5) 单击【关闭】按钮，此时横排文本框效果如图 3-37 所示。

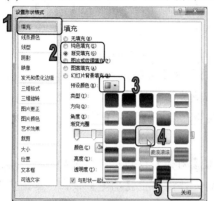

图 3-36　选择渐变色样式

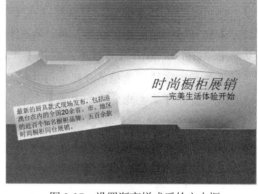

图 3-37　设置渐变样式后的文本框

(6) 在幻灯片预览窗格中选择第 5 张幻灯片缩略图，将其显示在幻灯片编辑窗口中。

(7) 选中竖排文本框，打开【绘图工具】的【格式】选项卡，在【形状样式】组中单击【形状轮廓】按钮，从弹出的菜单中选择【其他轮廓颜色】命令，打开【颜色】对话框。

(8) 打开【自定义】选项卡，设置 RGB=154、100、52，单击【确定】按钮，如图 3-38 所示。

(9) 将鼠标指针移动到竖排文本框的边框，待指针变为 形状，按住鼠标左键并拖动文本框到目标位置，释放鼠标，完成文本框移动操作，此时竖排文本框效果如图 3-39 所示。

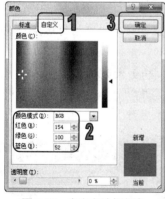

图 3-38　自定义边框颜色

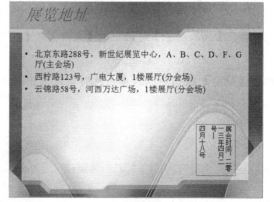

图 3-39　设置边框颜色后的文本框

 提示

　　另外，用户还可以参照设置占位符的方法，对文本框进行复制、移动和删除等操作，以及设置文本框形状效果、大小等属性。

(10) 在快速访问工具栏中单击【保存】按钮 ，保存设置后的【产品展销】演示文稿。

③.3 从外部导入文本

用户除了使用复制的方法从其他文档中将文本粘贴到幻灯片中，还可以在【插入】选项卡的【文本】组中单击【对象】按钮，直接将文本文档导入到幻灯片中。

【例 3-5】打开【产品展销】演示文稿，在幻灯片中导入外部文本。

(1) 启动 PowerPoint 2010 应用程序，打开【产品展销】演示文稿。

(2) 在幻灯片预览窗格中选择第 3 张幻灯片缩略图，使其位于幻灯片编辑窗口中。

(3) 将光标停留在【单击此处添加文本】文本占位符中，打开【插入】选项卡，在【文本】组中单击【对象】命令，打开【插入对象】对话框。

(4) 在对话框中选中【由文件创建】单选按钮，单击【浏览】按钮，如图 3-40 所示。

(5) 打开【浏览】对话框，在对话框中选择要导入的文件，单击【确定】按钮，如图 3-41 所示。

图 3-40 【插入对象】对话框　　　　　　图 3-41 【浏览】对话框

(6) 此时，在【插入对象】对话框的【文件】文本框中将显示该文本文档的路径，如图 3-42 所示。

(7) 单击【确定】按钮导入文本，此时幻灯片中显示导入的文本文档，如图 3-43 所示。

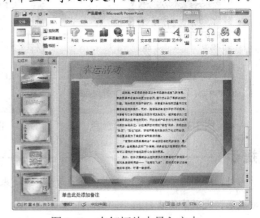

图 3-42 【文件】文本框显示插入文件的路径　　图 3-43 在幻灯片中导入文本

(8) 在导入的文本中右击，在弹出的快捷菜单中选择【文档对象】|【编辑】命令，此时该文本处于可编辑状态，如图 3-44 所示。

(9) 同在 Word 中编辑文字一样，编辑导入文本，将鼠标指针移动到该文档边框的右下角，当鼠标指针变为双向箭头形状时，拖动导入的文本框，调整其大小。

(10) 在幻灯片的空白处单击，退出编辑状态，此时幻灯片效果如图 3-45 所示。

图 3-44　可编辑的文本

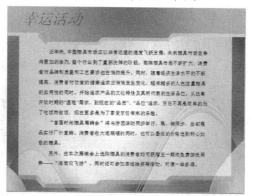

图 3-45　调整导入的文本框的大小

(11) 在快速访问工具栏中单击【保存】按钮，保存导入文本后的【产品展销】演示文稿。

3.4　编辑文本

PowerPoint 2010 的文本编辑操作主要包括选择、复制、粘贴、剪切、撤销与重复、查找与替换等。掌握文本的编辑操作是进行文字属性设置的基础。

3.4.1　选择文本

用户在编辑文本之前，首先要选择文本，然后再进行复制、剪切等相关操作。在 PowerPoint 2010 中，常用的选择方式主要有以下几种。

- ◉ 当将鼠标指针移动至文字上方时，鼠标形状将变为I形状。在要选择文字的起始位置单击，进入文字编辑状态。此时按住鼠标左键，拖动鼠标到要选择文字的结束位置释放鼠标，被选择的文字将以高亮显示，如图 3-46 所示。
- ◉ 进入文字编辑状态，将光标定位在要选择文字的起始位置，按住 Shift 键，在需要选择的文字的结束位置单击，然后松开 Shift 键，此时在第一次单击位置和按住鼠标左键位置之间的文字都将被选中。
- ◉ 进入文字编辑状态，利用键盘上的方向键，将闪烁的光标定位到需要选择的文字前，按住 Shift 键，使用方向键调整要选中的文字，此时光标划过的文字都将被选中。
- ◉ 当需要选择一个语义完整的词语时，在需要选择的词语上双击，PowerPoint 就将自动选择该词语，如双击选择"目标"等。

⊙ 如果需要选择当前文本框或文本占位符中的所有文字,那么可以在文本编辑状态下打开【开始】选项卡,在【编辑】组中单击【选择】按钮右侧的下拉箭头,在弹出的菜单中选择【全选】命令即可,如图 3-47 所示。

图 3-46　选中文字

图 3-47　使用【全选】命令选择文本

⊙ 在一个段落中连续单击鼠标左键 3 次,可以选择整个段落。

⊙ 当单击占位符或文本框的边框时,整个占位符或文本框将被选中,此时占位符中的文本不以高亮显示,但具有与被选中文本相同的特性,可以为选中的文字设置字体、字号等属性。

 提示 - - - - - -

> 在 PowerPoint 2010 中,单击幻灯片中的空白处,可以取消文本的选中状态。

③.4.2　复制与移动文本

在 PowerPoint 2010 中,复制和剪切的内容可以是当前编辑的文本,也可以是图片、声音等其他对象。使用这些操作,可以帮助用户创建重复的内容,或者把一段内容移动到其他位置。

1. 复制与粘贴

首先选中需要复制的文字,打开【开始】选项卡,在【剪贴板】组中单击【复制】按钮，这时选中的文字将复制到 Windows 剪贴板上。然后将光标定位到需要粘贴的位置,单击【剪贴板】组中的【粘贴】按钮,复制的内容将被粘贴到新的位置。

此外,选中需要复制的文本后,用户也可以使用 Ctrl+C 组合键完成复制操作,使用 Ctrl+V 组合键完成粘贴操作。

2. 剪切与粘贴

剪切操作主要用来移动一段文字。当选中要移动的文字后,在【开始】选项卡的【剪贴板】组中单击【剪切】按钮，这时被选中的文字将被剪切到 Windows 剪贴板上,同时原位置的文本消失。将光标定位到新位置后,单击【剪贴板】组中的【粘贴】按钮,就可以将剪切的内容粘贴到新的位置,从而实现文字的移动。

💿 **提示** -

　　选中需要移动的文字,当鼠标指针再次移动到被选中的文字上方时,鼠标指针将由I形状变为 ⬚ 形状,这时可以按住鼠标左键并向目标位置拖动文字。在拖动文字时,鼠标指针下方将出现一个矩形 ⬚。释放鼠标,即可完成移动操作。

③.4.3 查找和替换文本

当需要在较长的演示文稿中查找某一个特定内容,或在查找到特定内容后将其替换为其他内容时,可以使用 PowerPoint 2010 提供的【查找】和【替换】功能。

1. 查找

在【开始】选项卡的【编辑】组中单击【查找】按钮,打开【查找】对话框,如图 3-48 所示。

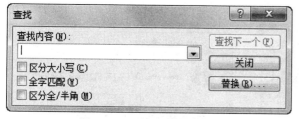

图 3-48 【查找】对话框

💿 **提示** - - - - - - - - - - - - - - -

　　用户也可以按下 Ctrl+F 组合键,打开【查找】对话框。

在【查找】对话框中,各选项的功能说明如下。

- ⦿ 【查找内容】下拉列表框:用于输入所要查找的内容。
- ⦿ 【区分大小写】复选框:选中该复选框,在查找时需要完全匹配由大小写字母组合而成的单词。
- ⦿ 【全字匹配】复选框:选中该复选框,PowerPoint 只查找用户输入的完整单词或字母,而 PowerPoint 默认的查找方式是非严格匹配查找,即该复选框未选中时的查找方式。例如,在【查找内容】下拉列表框中输入文字"计算"时,如果选中该复选框,系统仅会严格查找该文字,而对"计算机"、"计算器"等词忽略不计;如果未选中该复选框,系统则会对所有包含输入内容的词进行查找统计。
- ⦿ 【区分全/半角】复选框:选中该复选框,在查找时将自动区分全角字符与半角字符。
- ⦿ 【查找下一个】按钮:单击该按钮开始查找。当系统找到第一个满足条件的字符后,该字符将高亮显示,这时可以再次单击【查找下一个】按钮,继续查找到其他满足条件的字符。

2. 替换

PowerPoint 2010 中的替换功能包括替换文本内容和替换字体。在【开始】选项卡的【编辑】组中单击【替换】按钮右侧的下拉箭头，在弹出的菜单中选择相应命令即可。

【例3-6】在【产品展销】演示文稿中，查找文本"橱柜"，并替换为文本"厨具"。

(1) 启动 PowerPoint 2010 应用程序，打开【产品展销】演示文稿。

(2) 打开【开始】选项卡，在【编辑】组中单击【查找】按钮，打开【查找】对话框。

(3) 在【查找内容】文本框中输入文本"橱柜"，然后单击【查找下一个】按钮，此时，PowerPoint 以高亮显示满足条件的文本，如图 3-49 所示。

(4) 继续单击多次【查找下一个】按钮，PowerPoint 将继续对符合条件的文本进行查找。当全部查找完成后，系统将打开信息提示对话框，提示对演示文稿搜索完毕，单击【确定】按钮，如图 3-50 所示。

图 3-49　查找文本　　　　　　　　　图 3-50　提示对话框

(5) 返回至【查找】对话框，单击【替换】按钮，打开【替换】对话框，在【替换为】下拉列表框中输入文字"厨具"，并选中【全字匹配】复选框，单击【全部替换】按钮，如图 3-51 所示。

(6) 即可一次性完成所有满足条件的文本的替换，同时打开 Microsoft PowerPoint 对话框，提示用户完成多少处的文本替换，单击【确定】按钮，如图 3-52 所示。

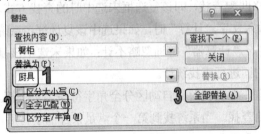

图 3-51　【替换】对话框　　　　　　　图 3-52　替换提示框

(7) 返回至【替换】对话框，单击【关闭】按钮，完成替换，返回幻灯片编辑窗口，即可查看替换后的文本，如图 3-53 所示。

知识点

打开【开始】选项卡，在【编辑】组中单击【替换】按钮右侧的下拉箭头，在弹出的菜单中选择【替换字体】命令，打开【替换字体】对话框，如图 3-54 所示。在【替换为】下拉列表框中选择要替换为的字体，单击【替换】按钮，此时选中的占位符中的文字字体将被替换。

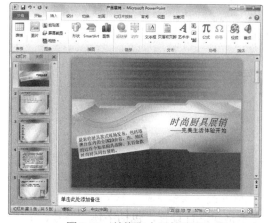

图 3-53　替换文本后的演示文稿

图 3-54　【替换字体】对话框

计算机 基础与实训教材系列

(8) 在快速访问工具栏中单击【保存】按钮 ，保存替换文本后的【产品展销】演示文稿。

③.4.4　撤销和恢复文本

撤销和恢复是编辑演示文稿中常用的操作，【撤销】命令对应的快捷键是 Ctrl+Z，【恢复】命令对应的快捷键是 Ctrl+Y。

通常，在进行编辑工作时难免会出现误操作，如误删除文本或者错误地进行剪切、设置等，这时可以通过【撤销】功能将其返回到该步骤操作前的状态。

在快速访问工具栏中单击【撤销】按钮 ，就可以撤销前一步的操作。默认情况下，PowerPoint 2010 可以撤销前 20 步操作。在【PowerPoint 选项】对话框的【高级】选项卡中可以设置撤销次数，如图 3-55 所示。

与【撤销】按钮功能相反的是【恢复】按钮 ，它可以恢复用户撤销的操作。在快速访问工具栏中也能直接找到该按钮。

知识点

在 PowerPoint 2010 中，当遇到不需要的文本时，可以将其删除。其操作方法为：选取要删除的文本，按 Backspace 键或 Delete 键即可。

图 3-55　【PowerPoint 选项】对话框

③.5　设置文本格式

为了使演示文稿更加美观、清晰，通常需要对文本格式进行设置，包括字体、字号、字体颜色、字符间距及文本效果等设置。在 PowerPoint 2010 中，当幻灯片应用了版式后，幻灯片中的文字也具有预先定义的属性。但在很多情况下，用户仍然需要按照自己的要求对文本格式重新进行设置。

③.5.1　设置字体格式

在 PowerPoint 2010 中，为幻灯片中的文字设置合适的字体、字号、字形和字体颜色等，可以使幻灯片的内容清晰明了。通常情况下，设置字体、字号、字形和字体颜色的方法有 3 种：通过【字体】组设置、通过浮动工具栏设置和通过【字体】对话框设置。

1. 通过【字体】组设置

在 PowerPoint 2010 中，选择相应的文本，打开【开始】选项卡，在如图 3-56 所示的【字体】组中可以设置字体、字号、字形和颜色。

2. 通过浮动工具栏设置

选择要设置的文本后，PowerPoint 2010 会自动弹出如图 3-57 所示的【格式】浮动工具栏，或者右击选取的字符，也可以打开【格式】浮动工具栏。在该浮动工具栏中设置字体、字号、字形和字体颜色。

图 3-56 【字体】组

图 3-57 【格式】浮动工具栏

3. 通过【字体】对话框设置

选择相应的文本，打开【开始】选项卡，在【字体】组中单击对话框启动器 ，打开【字体】对话框的【字体】选项卡，在其中设置字体、字号、字形和字体颜色，如图 3-58 所示。

图 3-58 【字体】对话框

提示

在【字体】选项卡的【效果】选项区域中，提供了多种特殊的文本格式供用户选择。用户可以很方便地为文本设置删除线、上标和下标等。

【例 3-7】 在【产品展销】演示文稿中，设置幻灯片中文本的字体格式。

(1) 启动 PowerPoint 2010 应用程序，打开【产品展销】演示文稿。

(2) 自动显示第 1 张幻灯片，选择标题占位符，在【开始】选项卡的【字体】组中【字体】下拉列表中选择【方正彩云简体】选项，在【字号】下拉列表中选择 60 选项，单击【字体颜色】按钮，从弹出的颜色面板中选择【蓝色】色块，单击【阴影】按钮，此时标题文本将自动应用设置的字体格式，效果如图 3-59 所示。

(3) 选中副标题文本，在弹出的浮动工具栏的【字体】下拉列表中选择【黑体】选项，在【字号】下拉列表中选择 28 选项，单击【字体颜色】按钮，从弹出的颜色面板中选择【橙色】色块，此时副标题文本效果如图 3-60 所示。

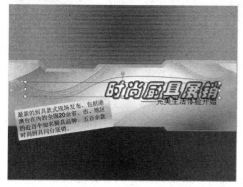

图 3-59 显示设置后的标题文本

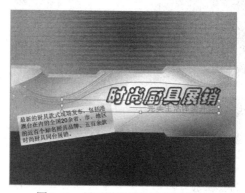

图 3-60 显示设置后的副标题文本

(4) 选中文本框中的文本，在【开始】选项卡的【字体】组中单击对话框启动器，打开【字体】对话框。

(5) 打开【字体】选项卡，在【中文字体】下拉列表框中选择【华文仿宋】选项，在【字体样式】下拉列表框中选择【加粗】选项，在【大小】微调框中输入 14，在【下划线线型】下拉列表框中选择【粗划线】选项，在【下划线颜色】下拉面板中选择【深蓝】色块，如图 3-61 所示。

(6) 单击【确定】按钮，完成字体格式设置，此时文本框中文字效果如图 3-62 所示。

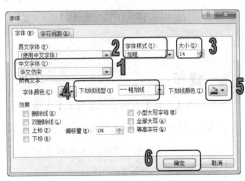

图 3-61　【字体】选项卡

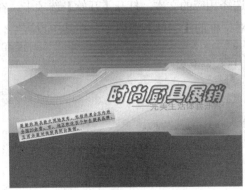

图 3-62　显示设置后的文本框文本

(7) 在幻灯片预览窗口中选择第 2 张幻灯片缩略图，将其显示在幻灯片编辑窗口中。

(8) 使用同样的方法，设置标题文本为【方正准圆简体】，字号为 48，字形为【加粗】、【倾斜】、【阴影】，字体颜色为【深蓝】；设置文本字体为【隶书】，字号为 32，字体颜色为【浅蓝】，效果如图 3-63 所示。

(9) 在幻灯片预览窗口中选择第 3 张幻灯片缩略图，将其显示在幻灯片编辑窗口中。

(10) 使用同样的方法，设置标题文本为【方正准圆简体】，字号为 48，字形为【加粗】、【倾斜】、【阴影】，字体颜色为【深蓝】；设置文本字体为【隶书】，字号为 24，字体颜色为【浅蓝】，效果如图 3-64 所示。

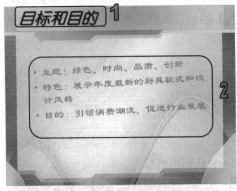

图 3-63　设置第 2 张幻灯片中的文本

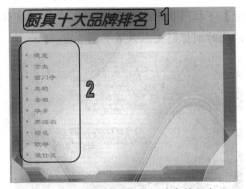

图 3-64　设置第 3 张幻灯片中的文本

(11) 在幻灯片预览窗口中选择第 4 张幻灯片缩略图，将其显示在幻灯片编辑窗口中。

(12) 使用同样的方法，设置标题文本为【方正准圆简体】，字号为 48，字形为【加粗】、

【倾斜】、【阴影】，字体颜色为【红色】，效果如图 3-65 所示。

(13) 在幻灯片预览窗口中选择第 5 张幻灯片缩略图，将其显示在幻灯片编辑窗口中。

(14) 参照步骤(8)，设置同样格式的标题文本和文本占位符文本。选中文本框中的文本，设置字体为【华文楷体】，字号为 18，字形为【阴影】，效果如图 3-66 所示。

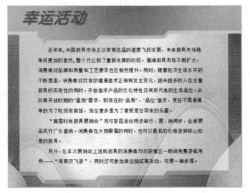

图 3-65　设置第 4 张幻灯片中的文本

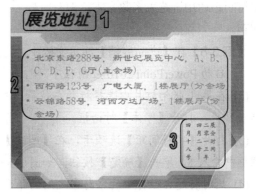

图 3-66　设置第 5 张幻灯片中的文本

 知识点

在 PowerPoint 2010 中，如果设置的文本格式与其他相应文本的格式相同，可使用格式刷快速设置。方法很简单，将光标定位在设置好的文本占位符中，在【开始】的【剪贴板】组中单击【格式刷】按钮，然后切换至目标幻灯片中，将鼠标指针定位在要设置格式的文本前，此时指针变为形状，按住鼠标左键拖动选中目标文本，释放鼠标即可。

(15) 选中文本占位符中的"(主会场)"和"(分会场)"文本，打开【字体】对话框，在【效果】选项区域中选中【双删除线】复选框，单击【确定】按钮，如图 3-67 所示。

(16) 此时选中的文本中将自动添加上双删除线，效果如图 3-68 所示。

图 3-67　设置部分文字的效果

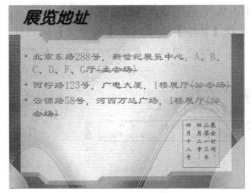

图 3-68　显示添加的双删除线

(17) 在快速访问工具栏中单击【保存】按钮，保存设置文本格式后的【产品展销】演示文稿。

③.5.2 设置字符间距

字符间距是指文档中字与字之间的距离。在通常情况下，文本是以标准间距显示的，这样的字符间距适用于绝大多数文本，但有时候为了创建一些特殊的文本效果，需要扩大或缩小字符间距。

【例 3-8】在【产品展销】演示文稿中，为幻灯片中文本设置字符间距。

(1) 启动 PowerPoint 2010 应用程序，打开【产品展销】演示文稿。

(2) 在第 1 张幻灯片中选择标题占位符，打开【开始】选项卡，在【字体】组中单击对话框启动器 ，打开【字体】对话框。

(3) 打开【字符间距】选项卡，在【间距】下拉列表中选择【加宽】选项，在【度量值】微调框中输入 5，单击【确定】按钮，如图 3-69 所示。

(4) 此时标题占位符中的字与字之间的距离将扩大 5 磅，效果如图 3-70 所示。

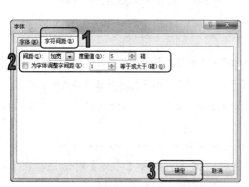

图 3-69　【字符间距】选项卡

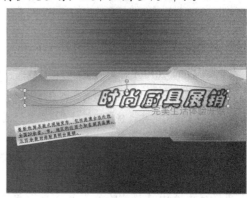

图 3-70　设置标题文本间的间距

(5) 选中副标题占位符，使用同样的方法，打开【字符间距】选项卡，在【间距】下拉列表中选择【紧缩】选项，在【度量值】微调框中输入 2，单击【确定】按钮，此时副标题占位符中的字与字之间的距离将缩小 2 磅，如图 3-71 所示。

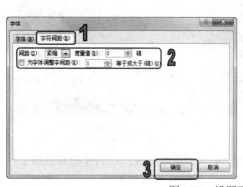

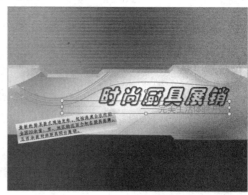

图 3-71　设置副标题文本间的间距

(6) 在幻灯片预览窗口中选择第 3 张幻灯片缩略图，将其显示在幻灯片编辑窗口中。

(7) 选中文本占位符，使用同样的方法，将占位符中字与字之间的距离将扩大 8 磅，效果如图 3-72 所示。

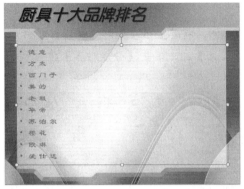

图 3-72　设置文本占位符中文本的间距

> **提示**
>
> 　　在【开始】选项卡的【字体】组单击【字符间距】按钮 Aa⁻，从弹出的菜单中选择相应的命令，可以设置占位符中文本之间的间距，如很紧、紧密、稀疏和很松等。

(8) 在快速访问工具栏中单击【保存】按钮 🔲，保存设置后的【产品展销】演示文稿。

③.6　设置段落格式

段落格式包括段落对齐、段落缩进及段落间距设置等。掌握了在幻灯片中编排段落格式的操作方法后，就可以为整个演示文稿设置风格相符的段落格式。

③.6.1　设置段落对齐方式

段落对齐是指段落边缘的对齐方式，包括左对齐、右对齐、居中对齐、两端对齐和分散对齐。这 5 种对齐方式说明如下。

- ⊙　左对齐：左对齐时，段落左边对齐，右边参差不齐。
- ⊙　右对齐：右对齐时，段落右边对齐，左边参差不齐。
- ⊙　居中对齐：居中对齐时，段落居中排列。
- ⊙　两端对齐：两端对齐时，段落左右两端都对齐分布，但是段落最后不满一行的文字右边是不对齐的。
- ⊙　分散对齐：分散对齐时，段落左右两边均对齐，而且当每个段落的最后一行不满一行时，将自动拉开字符间距使该行均匀分布。

设置段落格式时，首先选定要对齐的段落，然后在【开始】选项卡的【段落】组中可分别单击【文本左对齐】按钮、【文本右对齐】按钮、【居中】按钮、【两端对齐】按钮和【分散对齐】按钮。

【例 3-9】在【产品展销】演示文稿中，为幻灯片段落设置对齐方式。

(1) 启动 PowerPoint 2010 应用程序，打开【产品展销】演示文稿。

(2) 在第 1 张幻灯片中选中标题占位符，在【开始】选项卡的【段落】组中单击【居中】按钮，设置正标题居中对齐；选中副标题占位符，在【段落】组中单击【文本右对齐】按钮，设置副标题右对齐，效果如图 3-73 所示。

(3) 在幻灯片预览窗口中选择第 3 张幻灯片缩略图，将其显示在幻灯片编辑窗口中。

(4) 选中标题占位符，在【开始】选项卡的【段落】组中单击【分散对齐】按钮，设置正标题分散对齐，效果如图 3-74 所示。

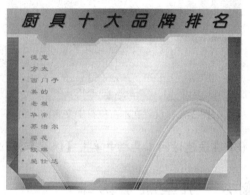

图 3-73　设置居中对齐和右对齐　　　　　图 3-74　设置分散对齐

(5) 使用同样的方法，设置第 4 张幻灯片中的标题居中对齐，效果如图 3-75 所示。

(6) 在幻灯片预览窗口中选择第 5 张幻灯片缩略图，将其显示在幻灯片编辑窗口中。

(7) 选中文本框，在【开始】选项卡的【段落】组中单击【对齐文本】按钮，从弹出的菜单中选择【居中】命令，设置文本框中的文本中部居中对齐，效果如图 3-76 所示。

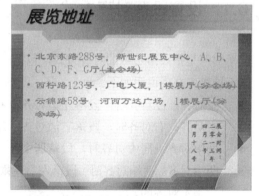

图 3-75　设置标题文本居中对齐　　　　　图 3-76　设置文本框文本中部居中对齐

(8) 在快速访问工具栏中单击【保存】按钮，保存【产品展销】演示文稿。

3.6.2　设置段落缩进

在 PowerPoint 2010 中，可以设置段落与占位符或文本框左边框的距离，也可以设置首行缩进和悬挂缩进。使用【段落】对话框可以准确地设置缩进尺寸，在功能区单击【段落】组中的

对话框启动器 ，打开【段落】对话框，在其中可以设置缩进值。

【例 3-10】在【产品展销】演示文稿中，为幻灯片中的段落设置缩进方式。

(1) 启动 PowerPoint 2010 应用程序，打开【产品展销】演示文稿。

(2) 在第 1 张幻灯片中选中文本框，打开【开始】选项卡，单击【段落】组中的对话框启动器，打开【段落】对话框。在【缩进】选项区域的【文本之前】微调框中输入"0.3 厘米"；在【特殊格式】下拉列表框中选择【首行缩进】选项，并在其后的【度量值】微调框中输入"1.1厘米"，如图 3-77 所示。

(3) 单击【确定】按钮，完成设置，此时幻灯片效果如图 3-78 所示。

图 3-77　【段落】对话框

图 3-78　显示缩进效果

(4) 在快速访问工具栏中单击【保存】按钮 ，保存【产品展销】演示文稿。

3.6.3　设置段落间距

在 PowerPoint 2010 中，设置行距可以改变 PowerPoint 默认的行距，使演示文稿中的内容条理更为清晰。选择需要设置行距的段落，在【开始】选项卡的【段落】组中单击【行距】按钮 ，在弹出的菜单中选择需要的命令即可改变默认行距。如果在菜单中选择【行距选项】命令，打开【段落】对话框，在其中【间距】选项区域中可以设置段落的行距。

【例 3-11】在【产品展销】演示文稿中，为幻灯片中的段落设置段间距和行间距。

(1) 启动 PowerPoint 2010 应用程序，打开【产品展销】演示文稿。

(2) 在第 1 张幻灯片中选中文本框，选中副标题占位符，在【开始】选项卡的【段落】组中单击【行距】按钮 ，在弹出的菜单中选择 2.0 命令，即可更改默认行距，如图 3-79 所示。

(3) 在幻灯片预览窗口中选择第 2 张幻灯片缩略图，将其显示在幻灯片编辑窗口中。

(4) 选中文本占位符，在【段落】组中单击【行距】按钮 ，在菜单中选择【行距选项】命令，打开【段落】对话框。

(5) 在【间距】选项区域中，在【段前】和【段后】微调框中输入"3磅"，单击【行距】下拉按钮，从弹出的下拉列表中选择【1.5 倍行距】选项，单击【确定】按钮，如图 3-80 所示。

(6) 此时占位符中的文本将以设置的段间距和行距显示，效果如图 3-81 所示。

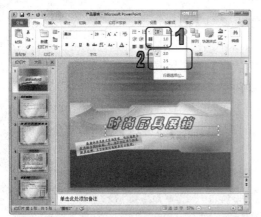 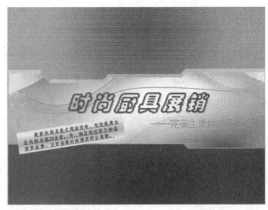

图 3-79　设置以 2 倍行距显示副标题文本

 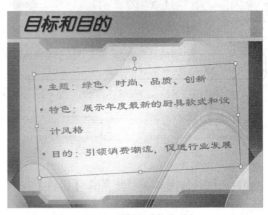

图 3-80　设置段间距和行距　　　　　　　图 3-81　显示设置后的段落间距

(7) 在幻灯片预览窗口中选择第 5 张幻灯片缩略图，将其显示在幻灯片编辑窗口中。

(8) 打开【开始】选项卡，单击【段落】组中的对话框启动器，打开【段落】对话框，单击【行距】下拉按钮，从弹出的下拉列表中选择【固定值】选项，并在其后的【设置值】微调框中输入"50磅"，单击【确定】按钮，此时幻灯片效果如图 3-82 所示。

 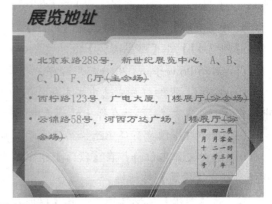

图 3-82　设置固定值行距

(9) 在快速访问工具栏中单击【保存】按钮🖫，保存【产品展销】演示文稿。

在【段落】对话框中，打开如图 3-83 所示的【中文版式】选项卡，在【常规】选项区域中可以设置段落的换行格式。在其中，选中【允许西文在单词中间换行】复选框，可以使行尾的单词有可能被分为两部分显示，如图 3-84 所示。选中【允许标点溢出边界】复选框，可以使行尾的标点位置超过文本框边界而不会换到下一行。

图 3-83　【段落】对话框的【中文版式】选项卡

图 3-84　设置换行格式

③.6.4　设置分栏显示文本

分栏的作用是将文本段落按照两列或更多列的方式排列。下面以具体实例来介绍设置分栏显示文本的方法。

【例 3-12】在【产品展销】演示文稿中，设置分栏显示占位符中的文本。

(1) 启动 PowerPoint 2010 应用程序，打开【产品展销】演示文稿。

(2) 在幻灯片预览窗口中选择第 3 张幻灯片缩略图，将其显示在幻灯片编辑窗口中。

(3) 选中文本占位符，在【开始】选项卡的【段落】组中单击【分栏】按钮 ▦▾，从弹出的菜单中选择【更多栏】命令，如图 3-85 所示。

(4) 打开【分栏】对话框，在数字微调框中输入 2，在【间距】微调框中输入"3 厘米"，单击【确定】按钮，如图 3-86 所示。

图 3-85　选择【更多栏】命令

图 3-86　【分栏】对话框

(5) 此时，文本占位符中的文本将分两栏显示，设置文本字号为 36，拖动鼠标调节占位符的大小，效果如图 3-87 所示。

图 3-87　分栏显示占位符中的文本

> **提示**
>
> 通常情况下，PowerPoint 2010 中文本的方向都是以横排的方式显示的。若用户想改变文字的方向，则可以在【段落】组中单击【文字方向】按钮，从弹出的菜单中选择一种文字方向即可。

(6) 在快速访问工具栏中单击【保存】按钮，保存【产品展销】演示文稿。

3.7　设置项目符号和编号

在 PowerPoint 2010 演示文稿中，为了使某些内容更为醒目，经常需要设置项目符号和编号。项目符号用于强调一些特别重要的观点或条目，从而使主题更加美观、突出；而使用编号，可以使主题层次更加分明、有条理。

3.7.1　设置项目符号

项目符号在演示文稿中使用的频率很高。在并列的文本内容前都可添加项目符号，默认的项目符号以实心圆点形状显示。要添加项目符号，则将光标定位在目标段落中，在【开始】选项卡的【段落】组中单击【项目符号】按钮右侧的下拉箭头，弹出如图 3-88 所示的项目符号菜单，在该菜单中选择需要使用的项目符号命令即可。若在项目符号菜单中选择【项目符号和编号】命令，打开【项目符号和编号】对话框，如图 3-89 所示，在其中可供选择的项目符号类型共有 7 种。

图 3-88　项目符号菜单

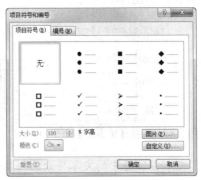

图 3-89　【项目符号和编号】对话框

此外，PowerPoint 还可以将图片或系统符号库中的各种字符设置为项目符号，这样丰富了项目符号的形式。在【项目符号和编号】对话框中单击【图片】按钮，打开【图片项目符号】对话框，如图 3-90 所示，在其中选择图片；单击【自定义】按钮，打开【符号】对话框，如图 3-91 所示，在其中选择字符。

图 3-90　【图片项目符号】对话框

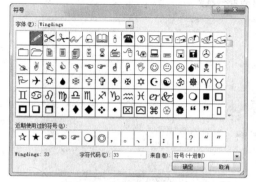

图 3-91　【符号】对话框

【例 3-13】在【产品展销】演示文稿中，为幻灯片中的文本设置项目符号。

(1) 启动 PowerPoint 2010 应用程序，打开【产品展销】演示文稿。

(2) 在幻灯片预览窗口中选择第 2 张幻灯片缩略图，将其显示在幻灯片编辑窗口中。

(3) 选中文本占位符，在【开始】选项卡的【段落】组中单击【项目符号】按钮 右侧的下拉箭头，从弹出的菜单中选择【项目符号和编号】命令，打开【项目符号和编号】对话框。

(4) 单击【图片】按钮，打开【图片项目符号】对话框，单击【导入】按钮。

(5) 打开【将剪辑添加到管理器】对话框，选择要作为项目符号的图片，单击【添加】按钮，如图 3-92 所示。

(6) 返回至【图片项目符号】对话框，图片将添加到项目符号列表框中，如图 3-93 所示。

图 3-92　【将剪辑添加到管理器】对话框

图 3-93　添加图片至列表框中

(7) 单击【确定】按钮，此时添加的图片将作为项目符号显示在幻灯片中，效果如图 3-94 所示。

计算机 基础与实训教材系列

(8) 在幻灯片预览窗口中选择第 5 张幻灯片缩略图，将其显示在幻灯片编辑窗口中。

(9) 选中文本占位符，使用同样的方法，打开【项目符号和编号】对话框，单击【自定义】按钮。

(10) 打开【符号】对话框，在【字体】下拉列表框中选择 Wingdings 选项，在其下的列表框中选择一种手形，单击【确定】按钮，如图 3-95 所示。

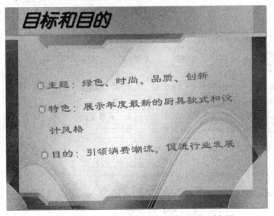

图 3-94　在幻灯片中显示图片项目符号

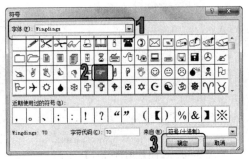

图 3-95　【符号】对话框

(11) 返回【项目符号和编号】对话框，在中间列表框中显示符号，单击【颜色】右侧的下拉按钮，从弹出的颜色面板中选择【茶色】色块，单击【确定】按钮，如图 3-96 所示。

(12) 此时，符号将作为项目符号显示在幻灯片中，效果如图 3-97 所示。

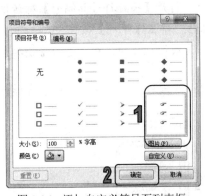

图 3-96　添加自定义符号至列表框

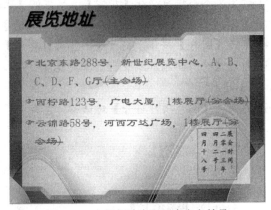

图 3-97　在幻灯片中显示自定义符号

(13) 在快速访问工具栏中单击【保存】按钮，保存【产品展销】演示文稿。

3.7.2　设置编号

在默认状态下，项目编号是由阿拉伯数字构成。在【开始】选项卡的【段落】组中单击【项目符号】按钮右侧的下拉箭头，在弹出的编号菜单选择内置的编号样式，如图 3-98 所示。

PowerPoint 还允许用户使用自定义编号样式。打开【项目符号和编号】对话框的【编号】

选项卡，可以根据需要选择和设置编号样式，如图 3-99 所示。

图 3-98　编号菜单

图 3-99　【编号】选项卡

【例 3-14】在【产品展销】演示文稿中，为幻灯片中的文本设置编号。

(1) 启动 PowerPoint 2010 应用程序，打开【产品展销】演示文稿。

(2) 在幻灯片预览窗口中选择第 3 张幻灯片缩略图，将其显示在幻灯片编辑窗口中。

(3) 选中文本占位符，在【开始】选项卡的【段落】组中单击【项目符号】按钮 右侧的下拉箭头，从弹出的菜单中选择【项目符号和编号】命令，打开【项目符号和编号】对话框。

(4) 打开【编号】选项卡，在中间的列表框中选择一种圆圈编号样式，单击【颜色】右侧的下拉按钮，从弹出的颜色面板中选择【浅蓝】色块，单击【确定】按钮，如图 3-100 所示。

(5) 此时，将在幻灯片中显示自定义设置的编号，效果如图 3-101 所示。

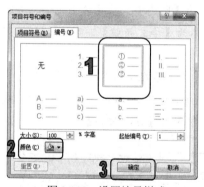

图 3-100　设置编号样式

图 3-101　在幻灯片中显示编号

 提示

打开【项目符号和编号】对话框的【编号】选项卡，在【起始编号】微调框中可以设置编号列表第一个项目起编号符号的顺序值。

(6) 在快速访问工具栏中单击【保存】按钮 ，保存【产品展销】演示文稿。

3.8 上机练习

本章的上机练习主要练习制作旅游宣传演示文稿，使用户更好地掌握输入文本、设置文本格式、设置项目符号、插入公式等基本操作方法和技巧。

(1) 启动 PowerPoint 2010 应用程序，打开一个空白演示文稿，单击【文件】按钮，从弹出的【文件】菜单中选择【新建】命令，在中间的窗格中选择【我的模板】选项。

(2) 打开【新建演示文稿】对话框，选择需要使用的模板，单击【确定】按钮，将新建一个基于模板的演示文稿，如图 3-102 所示。

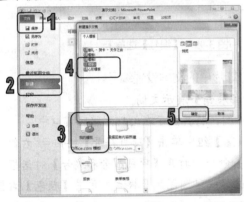

图 3-102 使用【我的模板】创建演示文稿

(3) 演示文稿默认打开第一张幻灯片，在【单击此处添加标题】文本占位符中输入文字"缤纷秋日 领略自然"，设置字形设置为【加粗】、字体效果为【阴影】；在【单击此处添加副标题】文本占位符中输入文字"——魅力三亚游"，设置字体为【华文新魏】，字号为 40，如图 3-103 所示。

(4) 在幻灯片预览窗格中选择第 2 张幻灯片缩略图，将其显示在幻灯片编辑窗口中。

(5) 在两个文本占位符中分别输入如图 3-104 所示的文字，选中文本占位符，设置字体为【华文行楷】，字体颜色为【绿色】，并设置第 2 段文本对齐方式为【分散对齐】。

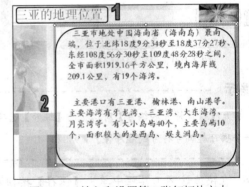

图 3-103 输入标题和副标题　　　　图 3-104 输入和设置第 2 张幻灯片文本

(6) 在幻灯片中选中文字"18度9分34秒"中的文字"度"，按下 Delete 键将其删除。

(7) 打开【加载项】选项卡，在【菜单命令】组中单击【特殊符号】，打开【插入特殊符号】对话框。

(8) 打开【单位符号】选项卡，在符号列表中选择第一个符号，如图 3-105 所示。

(9) 单击【确定】按钮，此时幻灯片效果如图 3-106 所示。

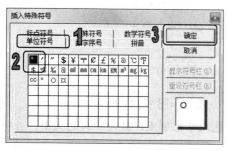

图 3-105　【单位符号】选项卡

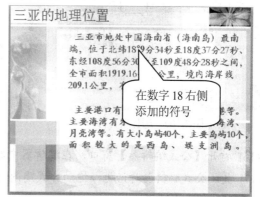

图 3-106　插入度符号

(10) 使用同样的方法，替换"分"和"秒"符号。

(11) 参照步骤(6)~步骤(10)，分别将文字"18 度 37 分 27 秒"、"108 度 56 分 30 秒"和"109 度 48 分 28 秒"更改为 18° 37′ 27″、108° 56′ 30″ 和 109° 48′ 28″，如图 3-107 所示。

(12) 在幻灯片预览窗格中选择第 3 张幻灯片缩略图，将其显示在幻灯片编辑窗口中。

(13) 在两个文本占位符中分别输入文本，选中标题占位符，设置文字字体为【华文彩云】、字形为【加粗】、字体效果为【阴影】；选中文字"天涯海角、西岛、南山寺一日游："，设置字号为 28、字体效果为【阴影】、字体颜色为【黑色】；选中数字文本，设置字体为 Georgia，字号为 32，字体颜色为【粉红】，字形为【加粗】、【下划线】；选中"附"文本段，字形为【加粗】，效果如图 3-108 所示。

图 3-107　输入其他符号

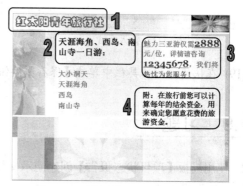

图 3-108　设置第 3 张幻灯片文本

(14) 选中旅游景点，在【开始】选项卡的【段落】组中单击【项目符号】按钮右侧的下拉箭头，在弹出的菜单中选择需要的项目符号样式，为文本设置项目符号，如图 3-109 所示。

(15) 在【插入】选项卡的【文本】组中单击【对象】按钮，打开【插入对象】对话框。在【对象类型】列表框中选择【Microsoft 公式 3.0】选项，单击【确定】按钮，如图 3-110 所示。

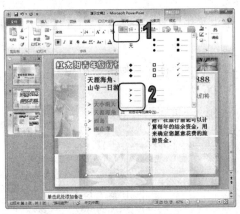

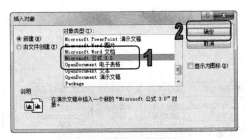

图 3-109　选择项目符号　　　　　　　　　　　　　　图 3-110　选择对象类型

(16) 打开【公式编辑器】窗口，在编辑器中输入公式，如图 3-111 所示。

(17) 关闭公式编辑器对话框，拖动公式周围的白色尺寸控制点，放大公式的大小，并将其放置在幻灯片的适当位置。

(18) 打开【插入】选项卡，在【文本】组单击【文本框】按钮，在幻灯片中拖动鼠标绘制一个横排文本框，在其中输入文字，设置文本字号为 18，字形为【加粗】，如图 3-112 所示。

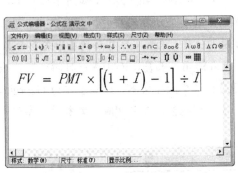

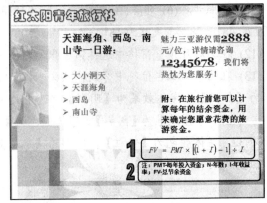

图 3-111　输入公式　　　　　　　　　　　　　　　　图 3-112　插入横排文本框

(19) 在快速访问工具栏中单击【保存】按钮，将演示文稿以【旅游宣传】为名进行保存。

③.9　习题

1. 使用模板【项目状态报告】创建演示文稿，根据幻灯片中文字提示输入文本，练习设置字体格式和段落格式。

2. 在幻灯片中插入一个横排文本框，并输入文本"注册商标:©2013-2015 aier™"。

3. 在第 2 题的幻灯片中，设置横排文本框顺时针旋转 45°。

4. 在幻灯片中输入公式"$f_n = f_{n-2} + f_{n-1}(n \geq 3):$ "。

第 4 章

设计幻灯片外观

学习目标

PowerPoint 提供了大量的模板预设格式，应用这些格式，可以轻松地设计出与众不同的幻灯片演示文稿，以及备注和讲义演示文稿。这些预设格式包括设计模板、主题颜色、幻灯片版式、背景样式等内容。本章首先介绍 PowerPoint 3 种母版的视图模式以及更改和编辑幻灯片母版的方法，然后介绍设置主题颜色和背景样式的基本步骤以及使用页眉页脚、网格线、标尺等版面元素的方法。

本章重点

- ⦿ 初识母版
- ⦿ 设置幻灯片母版
- ⦿ 设置幻灯片主题和背景
- ⦿ 使用其他版面元素
- ⦿ 制作其他母版

4.1 初识母版

PowerPoint 2010 提供了 3 种母版，即幻灯片母版、讲义母版和备注母版。当需设置幻灯片风格时，可以在幻灯片母版视图中进行设置；当要将演示文稿以讲义形式打印输出时，可以在讲义母版中进行设置；当要在演示文稿中插入备注内容时，则可以在备注母版中进行设置。

 知识点

为了使演示文稿中的每一张幻灯片都具有统一的版式和格式，PowerPoint 2010 通过母版来控制幻灯片中不同部分的表现形式。

④.1.1 幻灯片母版

幻灯片母版是存储模板信息的设计模板的一个元素。幻灯片母版中的信息包括字形、占位符大小和位置、背景设计和配色方案。用户通过更改这些信息，就可以更改整个演示文稿中幻灯片的外观。

打开【视图】选项卡，在【母版视图】组中单击【幻灯片母版】按钮，打开幻灯片母版视图，即可查看幻灯片母版，如图4-1所示。

图4-1 幻灯片母版视图

提示

母版是模板的一部分，主要用来定义演示文稿中所有幻灯片的格式。其内容主要包括文本与对象在幻灯片中的位置、文本与对象占位符的大小、文本样式、效果、主题颜色、背景等信息。

 知识点

在幻灯片母版视图下，可以看到所有区域，如标题占位符、副标题占位符以及母版下方的页脚占位符。这些占位符的位置及属性，决定了应用该母版的幻灯片的外观属性。当改变了这些属性后，所有应用该母版的幻灯片的属性也将随之改变。

当用户将幻灯片切换到幻灯片母版视图时，功能区将自动打开【幻灯片母版】选项卡，如图4-2所示。单击功能组中的按钮，可以对母版进行编辑或更改操作。

图4-2 【幻灯片母版】选项卡

【编辑母版】组中5个按钮的意义如下。

⊙ 【插入幻灯片母版】按钮：单击该按钮，可以在幻灯片母版视图中插入一个新的幻灯片母版。一般情况下，幻灯片母版中包含有幻灯片内容母版和幻灯片标题母版。

- 【插入版式】按钮：单击该按钮，可以在幻灯片母版中添加自定义版式。
- 【删除】按钮：单击该按钮，可删除当前母版。
- 【重命名】按钮：单击该按钮，打开【重命名版式】对话框，允许用户更改当前模板的名称。
- 【保留】按钮：单击该按钮，可以使当前选中的幻灯片在未被使用的情况下保留在演示文稿中。

4.1.2　讲义母版

讲义母版是为制作讲义而准备的，通常需要打印输出，因此讲义母版的设置大多和打印页面有关。它允许设置一页讲义中包含几张幻灯片，设置页眉、页脚、页码等基本信息。在讲义母版中插入新的对象或者更改版式时，新的页面效果不会反映在其他母版视图中。

打开【视图】选项卡，在【母版视图】组中单击【讲义母版】按钮，打开讲义母版视图。此时，功能区自动切换到【讲义母版】选项卡，如图 4-3 所示。

在讲义母版视图中，包含有 4 个占位符，即页面区、页脚区、日期区以及页码区。另外，页面上还包含虚线边框，这些边框表示的是每页所包含的幻灯片缩略图的数目。用户可以使用【讲义母版】选项卡，单击【页面设置】组的【每页幻灯片数量】按钮，在弹出的菜单中选择幻灯片的数目选项，如图 4-4 所示。

图 4-3　讲义模板

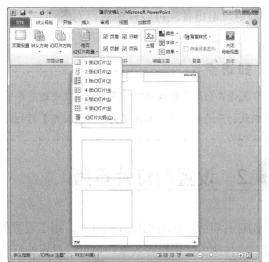

图 4-4　在每页讲义中显示 3 张幻灯片

4.1.3　备注母版

备注相当于讲义，尤其是对某个幻灯片需要提供补充信息时。使用备注对演讲者创建演讲注意事项是很重要的。备注母版主要用来设置幻灯片的备注格式，一般也是用来打印输出的，因此备注母版的设置大多也和打印页面有关。

打开【视图】选项卡，在【母版视图】组中单击【备注母版】按钮，打开备注母版视图。备注页由单个幻灯片的图像和下面所属文本区域组成，如图4-5所示。

在备注母版视图中，用户可以设置或修改幻灯片内容、备注内容及页眉页脚内容在页面中的位置、比例及外观等属性。

 提示

单击备注母版上方的幻灯片内容区，其周围将出现8个白色的控制点，此时可以使用鼠标拖动幻灯片内容区域设置它在备注页中的位置；单击备注文本框边框，此时该文本框周围也将出现8个白色的控制点，此时拖动该占位符调整备注文本在页面中的位置。

图4-5　备注母版

当用户退出备注母版视图时，对备注母版所做的修改将应用到演示文稿中的所有备注页上。只有在备注视图下，对备注母版所做的修改才能表现出来。

知识点

无论在幻灯片母版视图、讲义母版视图还是备注母版视图中，如果要返回到普通模式时，只需要在默认打开的功能区中单击【关闭母版视图】按钮即可。

④.2　设置幻灯片母版

幻灯片母版决定着幻灯片的外观，用于设置幻灯片的标题、正文文字等样式，包括字体、字号、字体颜色、阴影等效果；也可以设置幻灯片的背景、页眉页脚等内容。幻灯片母版可以为所有幻灯片设置默认的版式。

④.2.1　设置母版版式

版式用来定义幻灯片显示内容的位置与格式信息，是幻灯片母版的组成部分，主要包括占位符。在 PowerPoint 2010 中创建的演示文稿都带有默认的版式,这些版式一方面决定了占位符、文本框、图片和图表等内容在幻灯片中的位置,另一方面决定了幻灯片中文本的样式。

母版版式是通过母版上的各个区域的设置来实现的。在幻灯片母版视图中,用户可以按照自己的需求来设置幻灯片母版的版式。

【例 4-1】新建一个名为"我的设计模板"的演示文稿,在幻灯片母版视图中设置版式和文本格式。

(1) 启动 PowerPoint 2010 应用程序,自动打开一个空白文档,将其以"我的设计模板"为名进行保存。

(2) 打开【视图】选项卡,在【母版视图】组中单击【幻灯片母版】按钮,打开幻灯片母版视图,如图 4-6 所示。

(3) 在左侧的任务窗格中选中第 2 张幻灯片缩略图,在右侧的编辑窗口中选中【单击此处编辑母版标题样式】占位符,右击,在打开的浮动工具栏中设置文字标题样式的字体为【华文隶书】、字号为 60、字体颜色为【深蓝,文字 2】、字形为【加粗】。

(4) 选中【单击此处编辑副标题样式】占位符,在【开始】选项卡的【字体】组中设置文字副标题样式的字号为 36、字体颜色为【紫色,强调文字颜色 4,淡色 40%】、字形为【加粗】,如图 4-7 所示。

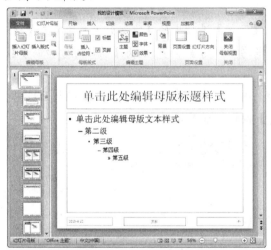

图 4-6　切换至幻灯片母版视图

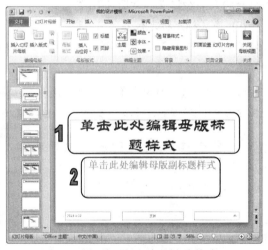

图 4-7　设置标题和副标题文本格式

(5) 选中【单击此处编辑母版标题样式】和【单击此处编辑副标题样式】占位符,拖动鼠标调节其至合适的位置,效果如图 4-8 所示。

(6) 在左侧的任务窗格中选中第 1 张幻灯片,将其显示在母版编辑区。

💡 **提示**

进入幻灯片母版视图中,在第 1 张幻灯片中可以进行全局的设置。另外,在其他不同的幻灯片中可以进行不同版式的设置,这些设置将分别应用在相应的版式中。

(7) 选中【单击此处编辑母版标题样式】占位符，拖动鼠标调节其大小，然后设置文字标题样式的字体为【华文新魏】、字体颜色为【深蓝，文字2】、字形为【加粗】、字体效果【阴影】，如图4-9所示。

图4-8　设置占位符位置

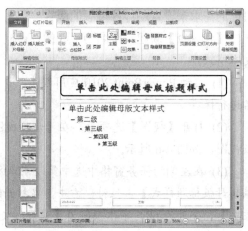

图4-9　设置标题演示

(8) 拖动鼠标调节【单击此处编辑母版标题样式】占位符和【单击此处编辑母版文本样式】占位符的大小和位置，如图4-10所示。

(9) 将鼠标光标定位在第1级项目符号处，在【开始】选项卡的【段落】组中的单击【项目符号】下拉按钮，从弹出的菜单中选择【项目符号和编号】命令，打开【项目符号和编号】对话框。

(10) 打开【项目符号】选项卡，选中空心样式，单击【颜色】按钮，从弹出的颜色面板中选择【蓝色，强调文字颜色1】色块，单击【确定】按钮，如图4-11所示。

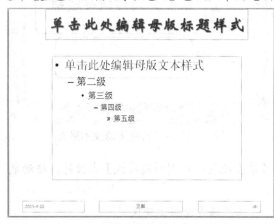

图4-10　调节占位符的大小和位置

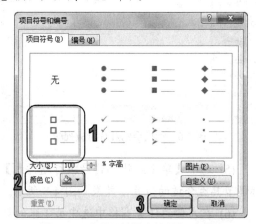

图4-11　【项目符号和编号】对话框

 提示

在幻灯片母版视图中，更改第一张幻灯片中的项目符号样式后，其他幻灯片中的项目符号样式也会随着一起更改。

(11) 使用同样的方法，设置其他级别的项目符号，最终效果如图 4-12 所示。

(12) 打开【幻灯片母版】选项卡，在【关闭】组中单击【关闭母版视图】按钮，返回到普通视图模式。

(13) 在幻灯片缩略图中选中第 1 张幻灯片，按 Enter 键，添加一张新幻灯片，此时新幻灯片中将自动应用设置好的文本版式和文本格式，如图 4-13 所示。

图 4-12　设置其他级别项目符号

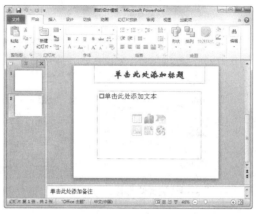

图 4-13　新幻灯片自动应用版式后的效果

(14) 在快速访问工具栏中单击【保存】按钮，保存【我的设计模板】演示文稿。

 提示

在幻灯片母版视图中，还可以通过在母版中插入占位符来快速实现版式设计。在【幻灯片母版】选项卡的【母版版式】组中，单击【插入占位符】按钮，从弹出的列表中选择对应的内容即可。另外，在【编辑母版】组中，单击【插入版式】按钮，即可在幻灯片母版视图添加一个新的母版版式。

④.2.2　设置母版背景图片

一个精美的设计模板少不了背景图片或图形的修饰，用户可以根据实际需要在幻灯片母版视图中设置背景。例如，希望让某个艺术图形(公司名称或徽标等)出现在每张幻灯片中，只需将该图形置于幻灯片母版上，此时该对象将出现在每张幻灯片的相同位置上，而不必在每张幻灯片中重复添加。

【例 4-2】在【我的设计模板】演示文稿的幻灯片母版视图中添加图片和图形，并调整它们的大小和位置。

(1) 启动 PowerPoint 2010 应用程序，打开【我的设计模板】演示文稿。

(2) 打开【视图】选项卡，在【母版视图】组中单击【幻灯片母版】按钮，打开幻灯片母版视图。

(3) 打开【插入】选项卡，在【插图】组中单击【形状】按钮，从弹出的下拉列表中选择

【矩形】栏中的【矩形】选项，如图 4-14 所示。

(4) 在幻灯片编辑窗口中，拖动鼠标绘制一个与幻灯片宽度相等的矩形，如图 4-15 所示。

图 4-14 选择矩形样式

图 4-15 绘制矩形图形

(5) 打开【绘图工具】的【格式】选项卡，在【形状样式】组中单击【形状填充】按钮，从弹出的颜色面板中选择【蓝色，文字颜色 2，淡色 80%】色块；单击【形状轮廓】按钮，从弹出的菜单中选择【无轮廓】命令。

(6) 使用同样的方法，在幻灯片母版编辑区底端绘制一个矩形，并设置其形状样式，最终效果如图 4-16 所示。

(7) 打开【插入】选项卡，在【图像】组中单击【图片】按钮，打开【插入图片】对话框，选择要插入的图片，单击【插入】按钮，如图 4-17 所示。

图 4-16 绘制并设置另一矩形

图 4-17 【插入图片】对话框

(8) 此时，选中的图片将插入到幻灯片中，拖动鼠标调节图片的位置和大小，效果如图 4-18 所示。

(9) 选中所有的图片，右击，从弹出的快捷菜单中选择【置于底层】|【置于底层】命令，此时图片将放置在幻灯片的最底层，如图 4-19 所示。

图 4-18 调节图片位置和大小

图 4-19 设置图片的叠放次序

(10) 参照步骤(3)至步骤(5)，在幻灯片最右侧绘制多个大小不一的圆形，设置其填充颜色为【淡橙色】、【无轮廓】，如图 4-20 所示。

(11) 打开【幻灯片母版】选项卡，在【关闭】组中单击【关闭母版视图】按钮，返回到普通视图模式下，查看设置背景图片后的幻灯片效果，如图 4-21 所示。

图 4-20 绘制并设置圆形

图 4-21 设置背景图片后的幻灯片效果

(12) 在快速访问工具栏中单击【保存】按钮，保存【我的设计模板】演示文稿。

4.2.3 设置页眉和页脚

页眉和页脚分别位于幻灯片的底部，主要用来显示文档的页码、日期、公司名称与公司徽标等内容。在制作幻灯片时，使用 PowerPoint 提供的页眉页脚功能，可以为每张幻灯片添加这些相对固定的信息。

要插入页眉和页脚，只需在【插入】选项卡的【文本】选项组中单击【页眉和页脚】按钮，打开【页眉和页脚】对话框，如图 4-22 所示，在其中进行相关操作即可。

插入页眉和页脚后，可以在幻灯片母版视图中对其格式进行统一设置。

图 4-22 【页眉和页脚】对话框

提示

在【页眉和页脚】对话框中选中【自动更新】单选按钮后，幻灯片页脚上显示的日期将随计算机上显示的日期而变化。

【例 4-3】在【我的设计模板】演示文稿插入页眉和页脚，并在幻灯片母版视图中设置页眉和页脚格式。

(1) 启动 PowerPoint 2010 应用程序，打开【我的设计模板】演示文稿。

(2) 打开【插入】选项卡，在【文本】选项组中单击【页眉和页脚】按钮，打开【页眉和页脚】对话框。

(3) 选中【日期和时间】、【幻灯片编号】、【页脚】、【标题幻灯片中不显示】复选框，并在【页脚】文本框中输入"由 cxz 设计"，单击【全部应用】按钮，为除第 1 张幻灯片以外的幻灯片添加页脚，如图 4-23 所示。

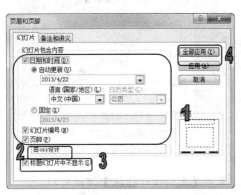

图 4-23 插入页眉和页脚

(4) 打开【视图】选项卡，在【母版视图】组中单击【幻灯片母版】按钮，切换到幻灯片母版视图。

(5) 在左侧预览窗格中选择第 1 张幻灯片，将该幻灯片母版显示在编辑区域。

(6) 选中所有的页脚文本框，设置字体为【幼圆】，字形为【加粗】，字号为 16，字体颜色为【紫色，强调文字颜色 4，淡色 40%】，拖动鼠标调节时间和编号占位符的位置，并设置文本对齐方式，效果如图 4-24 所示。

(7) 打开【幻灯片母版】选项卡，在【关闭】选项组中单击【关闭母版视图】按钮，返回到普通视图模式，如图 4-25 所示。

图 4-24 设置页眉和页脚

图 4-25 设置页眉和页脚后的幻灯片效果

(8) 在快速访问工具栏中单击【保存】按钮，保存【我的设计模板】演示文稿。

4.3 设置幻灯片主题和背景

PowerPoint 2010 提供了多种主题颜色和背景样式，使用这些主题颜色和背景样式，可以使幻灯片具有丰富的色彩和良好的视觉效果。

4.3.1 设置幻灯片主题

幻灯片主题是应用于整个演示文稿的各种样式的集合，包括颜色、字体和效果三大类。PowerPoint 预置了多种主题供用户选择。打开【设计】选项卡，在【主题】组中单击【其他】按钮，从弹出的列表中选择预置的主题，如图 4-26 所示。

图 4-26 PowerPoint 预置主题

> **知识点**
>
> 幻灯片主题是指对幻灯片中的标题、文字、图表、背景等项目设定的一组配置，用户可以通过对幻灯片主题的配置将其应用到幻灯片中。

1. 设置主题颜色

PowerPoint 提供了多种预置的主题颜色供用户选择。在【设计】选项卡的【主题】组中单击【颜色】按钮 颜色，在弹出的菜单中选择主题颜色，如图 4-27 所示。若选择【新建主体颜色】命令，打开【新建主题颜色】对话框，如图 4-28 所示。在该对话框中可以设置各种类型内容的颜色。设置完后，在【名称】文本框中输入名称，单击【保存】按钮，将其添加到【主题颜色】菜单中。

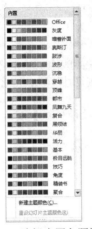

图 4-27 选择内置主题颜色　　　　图 4-28 【新建主题颜色】对话框

2. 设置主题字体

字体也是主题中的一种重要元素。在【设计】选项卡的【主题】组单击【主题字体】按钮 文字体，从弹出的菜单中选择预置的主题字体，如图 4-29 所示。若选择【新建主题字体】命令，打开【新建主题字体】对话框，如图 4-30 所示，在其中可以设置标题字体、正文字体等。

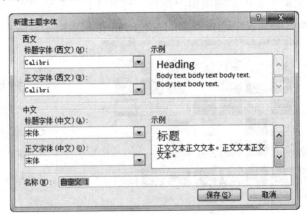

图 4-29 选择内置主题字体　　　　图 4-30 【新建主题字体】对话框

3. 设置主题效果

主题效果是 PowerPoint 预置的一些图形元素以及特效。在【设计】选项卡的【主题】组单击【主题效果】按钮 效果，从弹出的菜单中选择预置的主题效果样式，如图 4-31 所示。

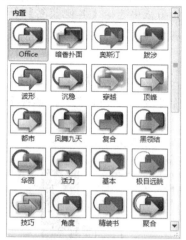 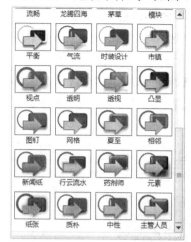

图 4-31 选择内置的主题效果

提示

由于主题效果的设置非常复杂，因此 PowerPoint 2010 不提供用户自定义主题效果的选项，在此，用户只能使用预置的 44 种主题效果。

【例 4-4】在幻灯片中应用主题和主题效果，并自定义主题颜色和字体。

(1) 启动 PowerPoint 2010 应用程序，新建一个空白演示文稿，将其以"自定义主题"为名进行保存。

(2) 在左侧的幻灯片缩略图中选择第一张幻灯片，按 Enter 键，添加一张新幻灯片，如图 4-32 所示。

(3) 打开【设计】选项卡，在【主题】组中单击【其他】按钮，从弹出的【所有主题】列表中选择【新闻纸】主题样式，此时自动为幻灯片应用所选的主题，如图 4-33 所示。

图 4-32 添加幻灯片　　　　图 4-33 应用主题

(4) 在【主题】组中单击【颜色】按钮，从弹出的菜单中选择【新建主体颜色】命令，打开【新建主题颜色】对话框。

(5) 单击【文字/背景-深色 1】下拉按钮,在弹出的面板中选择【青绿,强调文字颜色 3】色块;单击【文字/背景-浅色 1】下拉按钮,在弹出的面板中选择【其他颜色】命令。

(6) 打开【颜色】对话框的【自定义】选项卡,设置 RGB=(255,242,128),单击【确定】按钮,如图 4-34 所示。

(7) 返回至【新建主题颜色】对话框,设置【文字/背景-深色 2】为【深蓝】,【强调文字颜色 2】为【绿色】;在【名称】文本框中输入"我的自定义主题颜色",单击【保存】按钮,如图 4-35 所示。

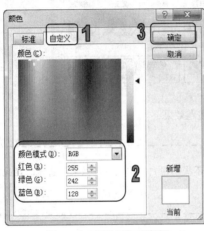

图 4-34 【颜色】对话框

图 4-35 自定义主题颜色

(8) 此时即可显示自定义主题后的幻灯片效果,如图 4-36 所示。

(9) 在【主题】组单击【字体】按钮,从弹出的菜单中选择【新建主题字体】命令,打开【新建主题字体】对话框。

(10) 在【西文】选项区域中,设置【标题字体】为【华文楷体】,【正文字体】为【楷体】;在【中文】选项区域中,设置【标题字体】为【华文琥珀】,【正文字体】为【宋体】;在【名称】文本框中输入"我的字体",如图 4-37 所示。

图 4-36 显示自定义主题后的效果

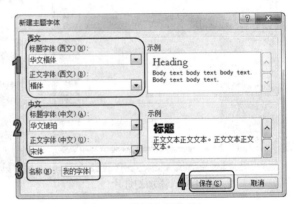

图 4-37 设置主题字体

(11) 单击【保存】按钮,完成主题字体的设置,返回至幻灯片中显示设置后的主题字体,如图 4-38 所示。

图 4-38 显示主题字体效果

(12) 在【主题】组单击【效果】按钮，从弹出的菜单中选择【龙腾】主题效果样式，此时快速应用该样式至幻灯片中，如图 4-39 所示。

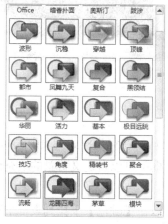
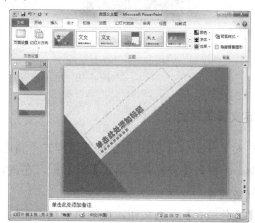

图 4-39 设置主题效果

(13) 在快速访问工具栏中单击【保存】按钮 ，保存【自定义主题】演示文稿。

提示

除了可以对所有幻灯片应用同一主题之外，PowerPoint 2010 还为用户提供了对单一幻灯片应用独特性主题效果的功能，从而达到突出幻灯片个性的目的。方法很简单，选择单张幻灯片，在【设计】选项卡的【主题】组中右击主题，从弹出的快捷菜单中选择【应用于选定幻灯片】命令即可。

④.3.2 设置幻灯片背景

幻灯片美观与否，背景起着至关重要的作用，用户除了自己设计模板外，还可以利用 PowerPoint 2010 内置的背景样式，甚至可以设计和更改幻灯片的背景颜色和背景等。

1. 应用内置背景样式

在 PowerPoint 2010 中，可以在演示文稿中应用内置背景样式。所谓背景样式，是指来自当前主题中，主题颜色和背景亮度组合的背景填充变体。默认情况下，幻灯片的背景会应用前一张的背景，如果是空白演示文稿，则背景颜色为白色。

应用 PowerPoint 内置的背景样式，可以打开【设计】选项卡，在【背景】组中，单击【背景样式】下拉按钮，在弹出的菜单中选择需要的背景样式即可，如选择【样式 11】命令，则该幻灯片效果如图 4-40 所示。

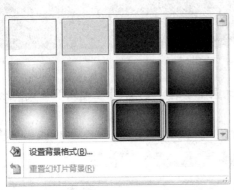

图 4-40　应用内置背景样式

2. 自定义背景样式

当用户对 PowerPoint 2010 提供的背景样式不满意时，可以在背景样式列表中选择【设置背景格式】命令，打开【设置背景格式】对话框，在该对话框中可以自定义背景的填充样式、渐变以及纹理格式等。

- ⦿ 【纯色填充】单选按钮：选中该单选按钮后，可以在【颜色】下拉列表框中选中一种纯色颜色，拖到滑块设置纯色的【透明度】，如图 4-41 所示。
- ⦿ 【渐变填充】单选按钮：选中该单选按钮后，可以在【预设颜色】下拉列表框中选择一样颜色，在【类型】下拉列表框中选择渐变的类型，在【颜色】面板中可以设置其颜色，拖到滑块设置【结束位置】和【透明度】等，如图 4-42 所示。

 提示 --------

渐变色是指由两种或两种以上的颜色均分布在画面上，并均匀过渡。

- ⦿ 【图片或纹理填充】单选按钮：选中该单选按钮后，可以在【纹理】下拉列表框中选择需要的纹理图案，如图 4-43 所示；单击【文件】按钮，打开【插入图片】对话框，在其中选择作为背景的图片即可。

图 4-41　设置纯色背景

图 4-42　设置渐变色背景

⊙ 　【图案填充】单选按钮：选择该单选按钮后，可以在【图案】列表框中选择一种图案，在【前景色】下拉列表框中选择一种图案颜色，在【背景色】下拉列表框中选择一种背景颜色，如图 4-44 所示。

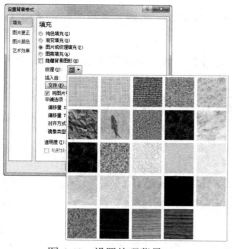

图 4-43　设置纹理背景

图 4-44　设置图案背景

计算机 基础与实训教材系列

提示

　　在【设置背景格式】对话框中选中【隐藏背景图形】复选框，可以忽略当前幻灯片中的背景图形。【隐藏背景图形】复选框只适用于当前幻灯片，当添加新幻灯片时，将仍然显示背景图片。如果不需要在当前演示文稿中显示背景图片，可以在幻灯片母版视图中将图片删除。

　　【例 4-5】在【我的设计模板】演示文稿中，将收藏的图片设置为幻灯片背景。

　　(1) 启动 PowerPoint 2010 应用程序，打开【我的设计模板】演示文稿。

　　(2) 自动打开第 1 张幻灯片，打开【设计】选项卡，在【背景】组中选中【隐藏背景图形】复选框，即可看到该幻灯片中的背景图片和背景图形已不显示，效果如图 4-45 所示。

　　(3) 在【背景】组中单击【背景样式】按钮，从弹出的列表中选择【设置背景格式】命令，打开【设置背景格式】对话框。

(4) 打开【填充】选项卡，在【填充】选项区域选中【图片或纹理填充】单选按钮，展开相关选项，单击【文件】按钮，如图 4-46 所示。

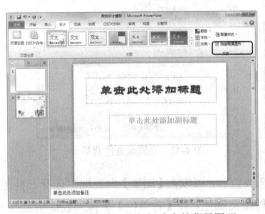

图 4-45　删除第 1 张幻灯片中的背景图形　　　　图 4-46　【设置背景格式】对话框

(5) 打开【插入图片】对话框，选择背景图片的存放路径，选择需要的图片，单击【插入】按钮，如图 4-47 所示。

(6) 返回至【设置背景格式】对话框，单击【关闭】按钮，此时图片将设置为幻灯片的背景，如图 4-48 所示。

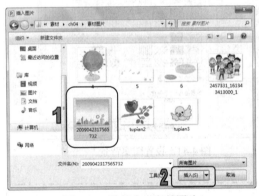

图 4-47　选择自定义的图片　　　　　　图 4-48　显示幻灯片背景图片效果

(7) 在快速访问工具栏中单击【保存】按钮，保存【我的设计模板】演示文稿。

4.4　使用其他版面元素

在 PowerPoint 2010 中可以借助幻灯片的版面元素更好地设计演示文稿，例如，使用网格线、参考线和标尺定位对象。

④.4.1　显示网格线和参考线

当在幻灯片中添加多个对象后，可以通过显示的网格线或者参考线来调整和移动多个对象之间的相对大小和位置。

打开【视图】选项卡，在【显示】组中选中【网格线】复选框，此时幻灯片中网格线的效果如图 4-49 所示；在【显示】组中选中【参考线】复选框，此时幻灯片中参考线的效果如图 4-50 所示。

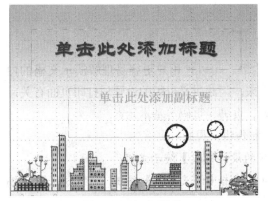

图 4-49　显示网格线

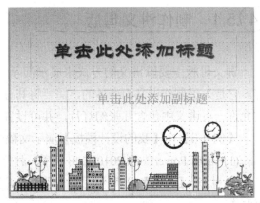

图 4-50　显示参考线

④.4.2　使用标尺

当用户在【视图】选项卡的【显示/隐藏】组中选中【标尺】复选框后，幻灯片中将出现如图 4-51 所示的标尺。从图中可以看出，幻灯片中的标尺分为水平标尺和垂直标尺。标尺可以让用户方便、快速地在幻灯片中放置文本或图片对象，利用标尺还可以精确地移动和对齐这些对象，以及调整文本中的缩进和制表符。

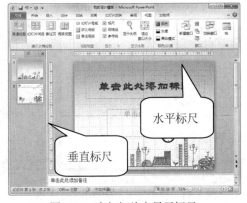

图 4-51　在幻灯片中显示标尺

提示

如果想要隐藏标尺，则取消选中【标尺】复选框即可，需要注意的是【标尺】功能在【幻灯片浏览】视图中不能使用。

計算機 基础与实训教材系列

4.5 制作其他母版

讲义母版和备注母版与一般的幻灯片有很多区别，它们在播放幻灯片时不能直接看到，只能通过打印输出才能看到其内容。相对于幻灯片母版而言，讲义和备注的应用范围也不同，前者是为了方便演讲者在会议时使用；而后者则是为了演讲者在演示幻灯片时使用。本节将介绍它们的制作方法。

4.5.1 制作讲义母版

讲义母版主要以讲义的方式来展示演示文稿内容，可以使用户更容易理解演示文稿的内容。它是为了制作讲义而准备的，需要将其打印出来，因此讲义母版的设置与打印页面有关，它允许一页讲义中包含几张幻灯片，并可设置页眉、页脚、页码等基本元素。

【例4-6】在【我的设计模板】演示文稿中，制作讲义母版。

(1) 启动 PowerPoint 2010 应用程序，打开【我的设计模板】演示文稿。

(2) 打开【视图】选项卡，在【母版视图】组中单击【讲义母版】按钮，进入讲义母版编辑状态。

(3) 打开【讲义母版】选项卡，在【页面设置】组中单击【每页幻灯片数量】按钮，从弹出的菜单中选择【4张幻灯片】命令，即可设置每页显示4张幻灯片数量，如图4-52所示。

(4) 在【讲义母版】选项卡的【占位符】组中，取消选中【日期】复选框，即可隐藏页面右上侧的日期文本占位符。

(5) 选中页眉、页脚和页码文本占位符，设置文本字号为16，字体颜色为【深蓝】，字形为【加粗】，对齐方式为【居中对齐】，如图4-53所示。

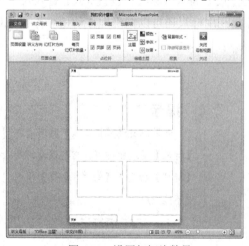

图4-52　设置幻灯片数量

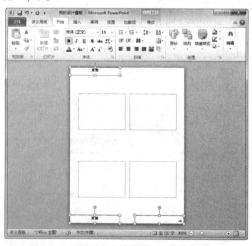

图4-53　设置文本占位符中的文本格式

(6) 在【讲义母版】选项卡的【背景】组中单击【背景样式】按钮，从弹出的列表中选择

【设置背景格式】命令，打开【设置背景格式】对话框。

(7) 打开【填充】选项卡，选中【图案填充】单选按钮，在【前景色】下拉面板中选择【蓝色，强调文字颜色 1】色块；在填充图案列表中选择第 2 行第 7 列中的样式，如图 4-54 所示。

(8) 单击【关闭】按钮，关闭对话框，此时返回讲义母版编辑窗口中，显示讲义母版背景样式效果，如图 4-55 所示。

图 4-54　设置图案填充效果

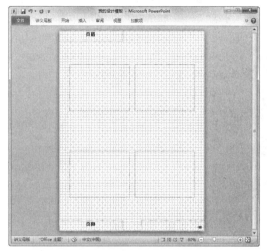

图 4-55　显示制作的讲义母版效果

(9) 在【讲义母版】选项卡的【关闭】组中，单击【关闭母版视图】按钮，退出讲义母版编辑状态。

(10) 在快速访问工具栏中单击【保存】按钮，保存【我的设计模板】演示文稿。

4.5.2　制作备注母版

备注母版主要用来设置幻灯片的备注格式，当需要将备注信息输出显示在打印纸张上时，这时就需要设置备注母版。

在备注母版中主要包括一个幻灯片占位符与一个备注占位符，可以对所有备注页中的文本进行格式编排。设置备注母版与设置讲义母版大体一致，无须设置母版主题，只需设置幻灯片方向、备注页方向、占位符与背景样式等。

【例 4-7】在【我的设计模板】演示文稿中，制作备注母版。

(1) 启动 PowerPoint 2010 应用程序，打开【我的设计模板】演示文稿。

(2) 打开【视图】选项卡，在【母版视图】组中单击【备注母版】按钮，进入备注母版编辑状态。

(3) 在【备注母版】选项卡的【占位符】组中，取消选中【页眉】、【日期】和【页脚】复选框，即可隐藏这些占位符，效果如图 4-56 所示。

(4) 在页面中间的占位符中选中第 1 行文本，将其字体设置为【华文新魏】，字号为 28，字体颜色为【蓝色】；选中 2~5 级文本，设置其字体设置为【楷体】，字号为 20，字体颜色为【深蓝】，如图 4-57 所示。

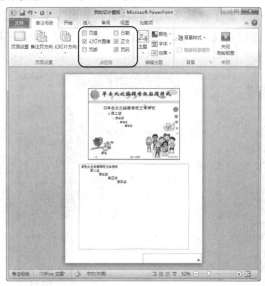

图 4-56　隐藏页面元素

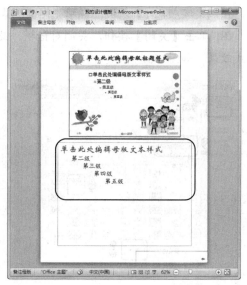

图 4-57　设置文本占位符中的文字格式

(5) 在【背景】组中单击【背景样式】按钮，从弹出的列表中选择【设置背景格式】命令，打开【设置背景格式】对话框。

(6) 打开【填充】选项卡，选中【图片或纹理填充】单选按钮，在【纹理】下拉列表中选择【蓝色面巾纸】色块，如图 4-58 所示。

(7) 单击【关闭】按钮，关闭对话框，返回备注母版编辑窗口中，显示设置的备注母版背景效果，如图 4-59 所示。

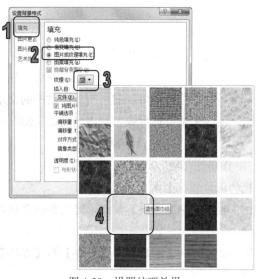

图 4-58　设置纹理效果

图 4-59　显示制作的备注母版效果

（8）在【备注母版】选项卡的【关闭】组中，单击【关闭母版视图】按钮，退出讲义母版编辑状态。

（9）在快速访问工具栏中单击【保存】按钮▇，保存"我的设计模板"演示文稿。

4.6　上机练习

本章的上机实验主要练习制作幻灯片母版，使用户更好地掌握设置幻灯片母版页眉元素、设置页眉和页脚和设置幻灯片背景样式等基本操作方法和技巧。

4.6.1　设计【自定义模板 1】演示文稿

本上机练习通过设计【自定义模板 1】演示文稿来主要介绍设置幻灯片母版版式、设置幻灯片背景图片等内容。

（1）启动 PowerPoint 2010 应用程序，自动打开一个空白文档，将其以"自定义模板 1"为名进行保存。

（2）打开【视图】选项卡，在【母版视图】组中单击【幻灯片母版】按钮，打开幻灯片母版视图。

（3）切换至第 1 张幻灯片缩略图，在右侧的幻灯片编辑窗口中选中【单击此处编辑母版标题样式】占位符，设置其字体为【方正粗宋简体】，字号为 40，字体颜色为 RGB=(60，20，172);设置文本占位符中文本字体为【仿宋】，字体颜色为【蓝色】，如图 4-60 所示。

（4）使用同样的方法，设置页眉、页脚和页码占位符文本颜色为【深蓝】。

（5）在左侧的任务窗格中选中第 2 张幻灯片缩略图，设置【单击此处编辑母版标题样式】占位符中文本字体为【华文琥珀】，字号为 48，字体颜色为【红色，强调文字颜色 2】，字体效果为【阴影】;设置【单击此处编辑母版副标题样式】占位符中文本字体为【华文新魏】，字体颜色为【浅绿】，然后拖到鼠标调节占位符的位置，如图 4-61 所示。

图 4-60　设置占位符中的文本格式

图 4-61　设置标题占位符中的文本格式

(6) 切换至第 1 张幻灯片缩略图，打开【幻灯片母版】选项卡，在【背景】组中单击【背景样式】按钮，从弹出的列表中选择【设置背景格式】命令，打开【设置背景格式】对话框。

(7) 打开【填充】选项卡，在【填充】选项区域选中【图片或纹理填充】单选按钮，单击【文件】按钮，如图 4-62 所示。

(8) 打开【插入图片】对话框，选择背景图片的存放路径，选择需要的图片，单击【插入】按钮，如图 4-63 所示。

图 4-62　设置图片背景

图 4-63　选择图片

(9) 返回至【设置背景格式】对话框，单击【关闭】按钮，此时图片将设置为幻灯片的背景，并调节占位符的大小和位置，如图 4-64 所示。

(10) 打开【幻灯片母版】选项卡，在【关闭】选项组中单击【关闭母版视图】按钮，返回到普通视图模式，如图 4-65 所示。

图 4-64　显示图片背景

图 4-65　调节占位符大小和位置

(11) 在左侧的任务窗格中选择第 1 张幻灯片缩略图，打开【设计】选项卡，在【背景】组中单击【背景样式】按钮，从弹出的列表中选择【设置背景格式】命令，打开【设置背景格式】

对话框。

(12) 打开【填充】选项卡，在【填充】选项区域选中【图片或纹理填充】单选按钮，展开相关选项，单击【文件】按钮。

(13) 打开【插入图片】对话框，选择背景图片的存放路径，选择需要的图片，单击【插入】按钮，如图 4-66 所示。

(14) 返回至【设置背景格式】对话框，单击【关闭】按钮，此时图片将被设置为第 1 张幻灯片的背景，如图 4-67 所示。

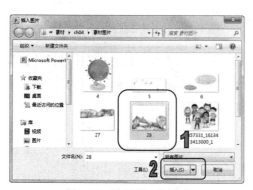

图 4-66 选择另一张图片

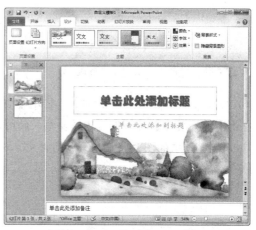

图 4-67 设计模板 1 的最终效果

(15) 在快速访问工具栏中单击【保存】按钮█，保存【自定义模板 1】演示文稿。

4.6.2 设计【自定义模板 2】演示文稿

本上机练习通过设计【自定义模板 2】演示文稿来主要介绍设置幻灯片母版版式、编辑背景图片、添加页眉和页脚和设置背景图片等内容。

(1) 启动 PowerPoint 2010 应用程序，自动打开一个空白文档，将其以"自定义模板 2"为名进行保存。

(2) 打开【视图】选项卡，在【母版视图】组中单击【幻灯片母版】按钮，打开幻灯片母版视图。

(3) 切换至第 1 张幻灯片缩略图，在右侧的幻灯片编辑窗口中选中【单击此处编辑母版标题样式】占位符，设置其字体为【华文新魏】，字号为 44，字体颜色为【深红】，字体效果为【阴影】，如图 4-68 所示。

(4) 切换至第 2 张幻灯片缩略图，设置正标题占位符的字体为【华文彩云】、字号为 60，字体颜色为【黑色，文字 1】；设置副标题占位符字体为【方正宋黑简体】，字号为 32，字体颜色为【红色】，字体效果为【阴影】，文本对齐方式为【文本左对齐】。

(5) 在第 2 张幻灯片编辑窗口中拖动鼠标调节它们的位置，效果如图 4-69 所示。

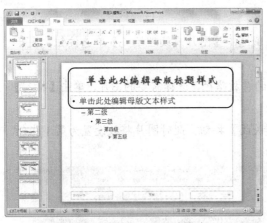

图 4-68　设置第 1 张幻灯片格式

图 4-69　设置第 2 张幻灯片格式

(6) 切换至第 1 张幻灯片缩略图，打开【插入】选项卡，在【图像】组中单击【图片】按钮，打开【插入图片】对话框，选择要插入的图片，单击【插入】按钮，如图 4-70 所示。

(7) 此时，选中的图片将插入到幻灯片中，拖动鼠标调节图片的位置和大小，效果如图 4-71 所示。

图 4-70　选择多张图片

图 4-71　调节图片位置和大小

(8) 选中 3 张卡通图片，右击，从弹出的快捷菜单中选择【置于底层】|【置于底层】命令，此时卡通图片将放置在幻灯片的最底层，效果如图 4-72 所示。

(9) 打开【插入】选项卡，在【插图】组中单击【形状】按钮，从弹出的下拉列表中选择【星与旗帜】栏中的【五角星】选项，拖动鼠标指针在幻灯片中绘制一个五角星图形，如图 4-73 所示。

(10) 选中所有的五角星图形，打开【绘图工具】的【格式】选项卡，在【形状样式】组中单击【形状填充】按钮，从弹出的颜色面板中选择【橙色】色块；单击【形状轮廓】按钮，从弹出的菜单中选择【无轮廓】命令，此时图形效果如图 4-74 所示。

(11) 打开【幻灯片母版】选项卡，在【关闭】选项组中单击【关闭母版视图】按钮，返回到普通视图模式。

图 4-72 设置卡通图片的叠放层次

图 4-73 绘制五角星

(12) 在【开始】选项卡的【幻灯片】组中单击【新建幻灯片】按钮，即可添加一张基于设置格式的新幻灯片，如图 4-75 所示。

图 4-74 设置图形的形状格式

图 4-75 添加基于版式的幻灯片

(13) 在左侧的幻灯片缩略图窗格中选择第 1 张幻灯片，将其显示在幻灯片编辑窗口中。

(14) 打开【设计】选项卡，在【背景】组中选中【隐藏背景图形】复选框，单击【背景样式】按钮，从弹出的列表中选择【设置背景格式】命令，打开【设置背景格式】对话框。

(15) 打开【填充】选项卡，在【填充】选项区域选中【图片或纹理填充】单选按钮，展开相关选项，单击【文件】按钮。

(16) 打开【插入图片】对话框，选择背景图片的存放路径，选择需要的图片，单击【插入】按钮，如图 4-76 所示。

(17) 返回至【设置背景格式】对话框，单击【关闭】按钮，此时图片将设置为第 1 张幻灯片的背景，其效果如图 4-77 所示。

(18) 在快速访问工具栏中单击【保存】按钮 ，快速保存设计后的【自定义模板 2】演示文稿。

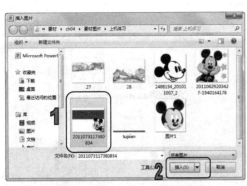

图 4-76　选择一张作为背景的图片

图 4-77　设计模板 2 的最终效果

4.7　习题

1. 为空白演示文稿应用【新闻纸】主题，并设置其主题颜色为【沉稳】样式，调整幻灯片的母版版式，使幻灯片效果如图 4-78 所示。

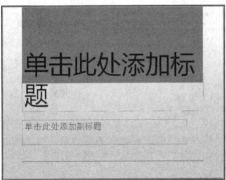

图 4-78　习题 1

2. 使用自定义幻灯片背景功能设计出如图 4-79 所示的幻灯片。

图 4-79　习题 2

应用图片和图形

学习目标

　　PowerPoint 2010 提供了大量实用的剪贴画，使用它们可以丰富幻灯片的版面效果。此外，用户还可以从本地磁盘插入图片到幻灯片中。使用 PowerPoint 2010 的绘图工具和 Smart 图形工具可以绘制各种简单的基本图形和复杂多样的结构图效果。使用艺术字和相册功能能够在适当主题下为演示文稿增色。本章主要介绍插入艺术字、图片和 SmartArt 图形等图形对象。

本章重点

- ◉　创建艺术字
- ◉　使用图片
- ◉　创建图形
- ◉　创建 SmartArt 图形
- ◉　制作电子相册

⑤.1　创建艺术字

　　艺术字是一种特殊的图形文字，常被用来表现幻灯片的标题文字。用户既可以像对普通文字一样设置其字号、加粗、倾斜等效果，也可以像对图形对象那样设置它的边框、填充等属性，还可以对其进行大小调整、旋转或添加阴影、三维效果等操作。

⑤.1.1　插入艺术字

　　艺术字是一个文字样式库，可以将艺术字添加文档中，从而制造出装饰性效果。在 PowerPoint 2010 中，打开【插入】选择框，在【文本】组中单击【艺术字】按钮，打开如图 5-1

所示的艺术字样式列表。选择需要的样式，即可在幻灯片中插入艺术字，如图 5-2 所示。

图 5-1　艺术字样式列表

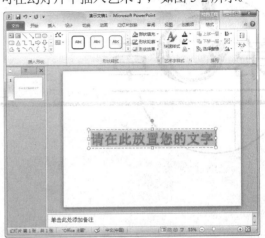

图 5-2　在幻灯片中插入艺术字

【例 5-1】创建【户外运动展览】演示文稿，在幻灯片中插入艺术字。

(1) 启动 PowerPoint 2010 应用程序，打开一个空白演示文稿，单击【文件】按钮，从弹出的【文件】菜单中选择【新建】命令，在中间的窗格中选择【我的模板】选项。

(2) 打开【新建演示文稿】对话框，在【个人模板】列表框中选择【模板 4】选项，单击【确定】按钮，如图 5-3 所示。

(3) 此时，将新建一个基于模板的演示文稿，将其以"户外运动展览"为名进行保存，如图 5-4 所示。

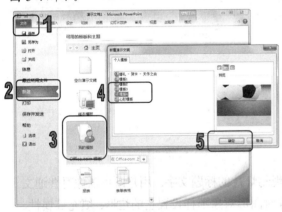

图 5-3　选择模板 4

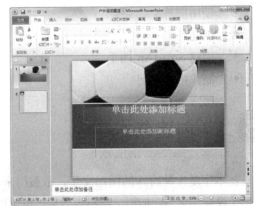

图 5-4　创建【户外运动展览】演示文稿

(4) 自动打开第 1 张幻灯片，在【单击此处添加标题】占位符输入标题文本，设置字体为【华文彩云】，字号为 60，字形为【加粗】，字体效果为【阴影】；在【单击此处添加副标题】占位符输入文本，设置字体为【楷体】，字号为 28，字形为【倾斜】，单击【下划线】按钮，添加下划线，如图 5-5 所示。

(5) 打开【插入】选择框，在【文本】组中单击【艺术字】按钮，从弹出的艺术字样式列表中选择【填充-橄榄色，强调文字颜色 2，粉状棱台】样式，如图 5-6 所示。

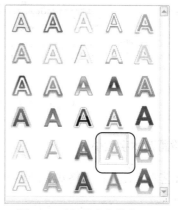

图 5-5 设置标题和副标题文本　　　　　　　图 5-6 选择艺术字样式

(6) 此时，即可将选中的艺术字插入到幻灯片中，如图 5-7 所示。

(7) 在【请在此放置您的文字】占位符中输入艺术字文本 OUTDOOR，设置字体为 Century，字号为 60，效果如图 5-8 所示。

图 5-7 插入特定样式的艺术字　　　　　　图 5-8 输入艺术字文本

(8) 在快速访问工具栏中单击【保存】按钮，保存【户外运动展览】演示文稿。

提示

除了直接插入艺术字外，用户还可以将文本转换成艺术字。其方法很简单：选择要转换的文本，在【插入】选项卡的【文本】组中单击【艺术字】下拉按钮，从弹出的艺术字样式列表框中选择需要的样式即可。

⑤.1.2 设置艺术字格式

用户在插入艺术字后，自动打开【绘图工具】的【格式】选项卡，如图 5-9 所示。为了使艺术字的效果更加美观，可以对艺术字格式进行相应的设置，如设置艺术字的大小、艺术字样式、形状样式等属性。

图 5-9　艺术字的【绘图工具】的【格式】选项卡

1. 设置艺术字大小

选择艺术字后，在【格式】选项卡的【大小】组的【高度】和【宽度】文本框中输入精确的数据即可。

2. 设置艺术字样式

设置艺术字样式包含更改艺术字样式、文本效果、文本填充颜色和文本轮廓等操作。通过在【格式】选项卡的【艺术字样式】组中单击相应的按钮，执行对应的操作。

- ● 更改艺术字样式：选择艺术字后，在【格式】选项卡的【艺术字样式】组中，单击【其他】按钮，从弹出的如图 5-10 所示的样式列表中选择一种艺术字样式即可。
- ● 更改文本效果：选择艺术字后，在【格式】选项卡的【艺术字样式】组中，单击【文本效果】按钮，从弹出的菜单中选择所需的文本效果。如图 5-11 所示是发光效果。

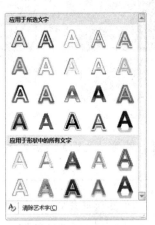

图 5-10　更改艺术字样式

图 5-11　更改文本效果

- ● 更改文本填充颜色：选择艺术字后，在【格式】选项卡的【艺术字样式】组中，单击【文本填充】按钮，从弹出的如图 5-12 所示的菜单中选择所需的填充颜色，或者选择渐变和纹理填充效果。
- ● 更改文本轮廓：选择艺术字后，在【格式】选项卡的【艺术字样式】组中，单击【文本轮廓】按钮，从弹出的如图 5-13 所示的菜单中选择所需的轮廓颜色，或者选择轮廓线条样式。

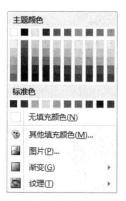

图 5-12　更改文本填充颜色

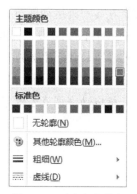

图 5-13　更改文本轮廓

 提示 -

选中艺术字，在【格式】选项卡的【艺术字样式】组中单击对话框启动器 ，在打开的【设置文本效果格式】对话框中同样可以对艺术字进行编辑操作。

3. 设置形状样式

设置形状样式包含更改艺术字形状样式、形状填充颜色、艺术字边框颜色和形状效果等操作。通过在【格式】选项卡的【形状样式】组中单击相应的按钮，执行对应的操作。

- ◉ 更改形状样式：选择艺术字后，在【格式】选项卡的【形状样式】组中，单击【其他】按钮 ，从弹出的如图 5-14 所示的形状样式列表中选择所需的艺术字形状样式即可。
- ◉ 更改形状效果：选择艺术字后，在【格式】选项卡的【形状样式】组中，单击【形状效果】按钮，从弹出的菜单中选择所需的形状效果即可。如图 5-15 所示的是映像效果。

图 5-14　更改形状样式

图 5-15　更改形状效果

- ◉ 更改艺术字的填充颜色：选择艺术字后，在【格式】选项卡的【形状样式】组中，单击【形状填充】按钮，从弹出的菜单中选择颜色、渐变、图片或纹理填充形状等内容。
- ◉ 更改艺术字的边框颜色：选择艺术字后，在【格式】选项卡的【形状样式】组中，单击【形状轮廓】按钮，从弹出的菜单中制定形状轮廓颜色、线型和粗细等属性。

计算机 基础与实训教材系列

【例5-2】在【户外运动展览】演示文稿中，设置艺术字格式。

(1) 启动 PowerPoint 2010 应用程序，打开【户外运动展览】演示文稿。

(2) 选中艺术字，打开【绘图工具】的【格式】选项卡，在【大小】组中的【高度】和【宽度】微调框中分别输入"3 厘米"和"15 厘米"，如图 5-16 所示。

(3) 使用鼠标拖动法调节艺术字至合适的位置，效果如图 5-17 所示。

图 5-16 【大小】组　　　　　　　　　图 5-17 调节艺术字的位置

(4) 选中艺术字，在【格式】选项卡的【艺术字样式】组中单击【文本效果】按钮，从弹出的菜单中选择【转换】命令，然后从弹出的【弯曲】列表框中选择【朝鲜鼓】选项，为艺术字应用该文本效果，如图 5-18 所示。

图 5-18 为艺术字应用文本效果

(5) 选中艺术字，在【格式】选项卡的【艺术字样式】组中单击【文本填充】按钮，从弹出的菜单中选择【渐变】命令，然后从弹出的【变体】列表框中选择【线性向下】选项，为艺术字应用该文本填充色，如图 5-19 所示。

(6) 选中艺术字，在【格式】选项卡的【艺术字样式】组中单击【文本轮廓】按钮，从弹出的颜色面板中选择【绿色】色块，为艺术字文本设置边框，如图 5-20 所示。

图 5-19 为艺术字设置渐变填充色

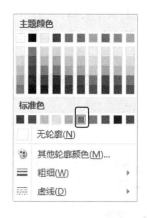

图 5-20 为艺术字添加边框

(7) 在快速访问工具栏中单击【保存】按钮 ，保存【户外运动展览】演示文稿。

5.2 使用图片

在演示文稿中使用图片，可以更生动形象地阐述其主题和所需表达的思想。在插入图片时，要充分考虑幻灯片的主题，使图片和主题和谐一致。

5.2.1 插入剪贴画

PowerPoint 2010 附带的剪贴画库内容非常丰富，所有的图片都经过专业设计，它们能够表达不同的主题，适合于制作各种不同风格的演示文稿。

打开【插入】选项卡，在【图像】组中单击【剪贴画】按钮，打开【剪贴画】任务窗格，如图 5-21 所示。在【搜索文字】文本框中输入剪贴画的名称，单击【搜索】按钮，即可查找与之相对应的剪贴画；在【结果类型】下拉列表框可以将搜索的结果限制为特定的媒体文件类型。

提示

在搜索剪贴画时，可以使用通配符代替一个或多个字符来进行搜索。输入字符"*"，代替文件名中的多个字符；输入字符"?"，代替文件名中的单个字符。

图 5-21　打开【剪贴画】任务窗格

【例5-3】打开【户外运动展览】演示文稿，在幻灯片中插入剪贴画。

(1) 启动 PowerPoint 2010 应用程序，打开【户外运动展览】演示文稿。

(2) 在幻灯片编辑窗口中自动显示第 1 张幻灯片，打开【插入】选项卡，在【图像】组中单击【剪贴画】按钮，打开【剪贴画】任务窗格。

(3) 在【搜索文字】文本框中输入剪贴画的名称"运动"，单击【搜索】按钮，即可查找与之相对应的剪贴画，如图 5-22 所示。

(4) 在【剪贴画】任务窗格中单击需要插入的剪贴画，将其添加到幻灯片中，效果如图 5-23 所示。

图 5-22　搜索剪贴画　　　　　图 5-23　在幻灯片中插入剪贴画

(5) 在快速访问工具栏中单击【保存】按钮，保存插入剪贴画后的【户外运动展览】演示文稿。

5.2.2　插入来自文件的图片

在演示文稿的幻灯片中可以插入磁盘中的图片。这些图片可以是 BMP 位图，也可以是由其他应用程序创建的图片，从因特网下载的或通过扫描仪及数码相机输入的图片等。

打开【插入】选项卡，在【图像】组中单击【图片】按钮，打开【插入图片】对话框，如图 5-24 所示，选择需要的图片后，单击【插入】按钮即可。

图 5-24　【插入图片】对话框

提示

用户可以将幻灯片中的图片保存到计算机中，右击幻灯片中的图片，从弹出的快捷菜单中选择【另存为图片】命令，打开【另存为】对话框，设置路径，单击【保存】按钮即可。

【例 5-4】 在【户外运动展览】演示文稿中，插入来自文件的图片。

(1) 启动 PowerPoint 2010 应用程序，打开【户外运动展览】演示文稿。

(2) 在左侧的幻灯片预览窗格中选择第 2 张幻灯片缩略图，将其显示在幻灯片编辑窗口中。

(3) 在【单击此处添加标题】占位符中输入文本"户外帐篷"，设置字体为【华文琥珀】，字号为 48，字体效果为【阴影】；选中文本占位符，按 Delete 键，将其删除，效果如图 5-25 所示。

(4) 打开【插入】选项卡，在【图像】组中单击【图片】按钮，打开【插入图片】对话框。

(5) 在【查找范围】下拉列表中选择文件路径，在文件列表中选中要插入的图片，如图 5-26 所示。

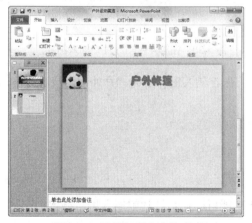

图 5-25　设置标题文本格式

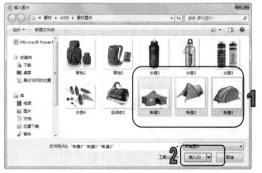

图 5-26　【插入图片】对话框

(6) 单击【插入】按钮，此时图片已被添加到幻灯片中，如图 5-27 所示。

(7) 打开【开始】选项卡，在【幻灯片】组中单击【新建幻灯片】按钮，在演示文稿中添加一张新幻灯片，如图 5-28 所示。

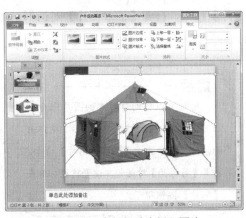 

图 5-27　在幻灯片中插入图片　　　　　　　　图 5-28　插入第 3 张幻灯片

(8) 参照步骤(3)至步骤(6)，设置标题文本和插入图片，最终效果如图 5-29 所示。

(9) 使用同样的方法，添加一张新幻灯片，并在其中设置标题文本和插入图片，如图 5-30 所示。

 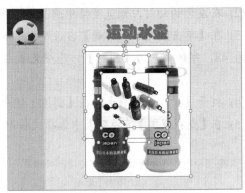

图 5-29　在第 3 张幻灯片中插入图片　　　　　　图 5-30　在第 4 张幻灯片中插入图片

(10) 在快速访问工具栏中单击【保存】按钮 ，保存插入图片后的"户外运动展览"演示文稿。

⑤.2.3　插入屏幕截图

PowerPoint 2010 新增了屏幕截图功能，使用该功能可以在幻灯片中插入屏幕截取的图片。

打开【插入】选项卡，在【插图】组中单击【屏幕截图】按钮，从弹出的菜单中选择【屏幕剪辑】选项，进入屏幕截图状态，拖到鼠标指针截取所需的图片区域，如图 5-31 所示。

提示

　在【插图】组中单击【屏幕截图】按钮，在【可用视图】列表中选择一个窗口，即可在文档插入点处插入所截取的窗口图片。

图 5-31 在幻灯片中插入屏幕截图

⑤.2.4 设置图片格式

在演示文稿中插入图片后，PowerPoint 会自动打开【图片工具】的【格式】选项卡，如图 5-32 所示。使用相应功能工具按钮，可以调整图片位置和大小、裁剪图片、调整图片对比度和亮度、设置图片样式等。

图 5-32 【图片工具】的【格式】选项卡

【例 5-5】在【户外运动展览】演示文稿中，设置图片格式。

(1) 启动 PowerPoint 2010 应用程序，打开【户外运动展览】演示文稿。

(2) 在第 1 张幻灯片编辑窗口中选中剪贴画，打开【图片工具】的【格式】选项卡，在【大小】组中的【宽度】微调框中分别输入"8 厘米"，此时会自动调整【高度】为"4.17 厘米"。

(3) 将鼠标指针移动到图片上，待鼠标指针变成 形状时，按住鼠标左键拖动鼠标至合适的位置，释放鼠标，此时剪贴画将移动到目标位置上，效果如图 5-33 所示。

(4) 选中剪贴画，在【调整】组中单击【更正】按钮，从弹出的【亮度和对比度】列表中选择【亮度:+20% 对比度:+20%】选项，如图 5-34 所示。

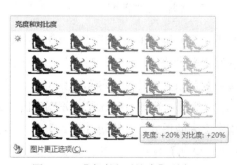

图 5-33 设置图片大小和位置　　　　图 5-34 【亮度和对比度】列表

(5) 此时，即可自动调整剪贴画亮度和对比度，效果如图 5-35 所示。

(6) 在幻灯片预览窗格中选择第 2 张幻灯片缩略图，将其显示在幻灯片编辑窗口中。

(7) 分别选中图片，将鼠标移动到图片左上角的控制柄上，向左上角拖动，缩放图片的大小，然后拖动鼠标调节图片至合适的位置，如图 5-36 所示。

图 5-35 调整图片的亮度和对比度 　　　　　图 5-36 调节图片大小和位置

(8) 选中中间的大图片，在【调整】组，单击【删除背景】按钮，进入图片背景编辑状态，如图 5-37 所示。

(9) 自动打开【背景消除】选项卡，在【优化】组中单击【标记要保留的区域】按钮，在图片中单击标记要保留的区域，如图 5-38 所示。

图 5-37 图片背景编辑状态 　　　　　图 5-38 标记保留背景区域

(10) 在【关闭】组中单击【保留更改】按钮，即可删除图片的背景，效果如图 5-39 所示。

(11) 参照步骤(8)至步骤(10)，删除其他两张图片的背景，效果如图 5-40 所示。

(12) 在幻灯片预览窗格中选择第 3 张幻灯片缩略图，将其显示在幻灯片编辑窗口中。使用同样的方法，调整图片的大小和位置，并删除图片的背景，效果如图 5-41 所示。

(13) 选中上方的图片，在【图片样式】组中单击【其他】按钮，在弹出的样式列表框中选择【图形对角，白色】样式，如图 5-42 所示，即可为图片应用该样式。

图 5-39　删除背景后的图片效果

图 5-40　删除其他图片的背景

图 5-41　删除第 3 张幻灯片中的图片背景

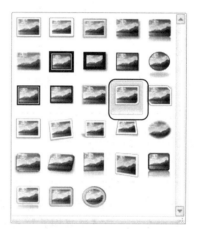

图 5-42　选择图片样式

计算机 基础与实训教材系列

(14) 选中下方的两张图片，在【图片样式】组中单击【其他】按钮，在弹出的样式列表框中选择【棱台透视】样式，为图片应用该样式，效果如图 5-43 所示。

(15) 在幻灯片预览窗格中选择第 4 张幻灯片缩略图，将其显示在幻灯片编辑窗口中。使用同样的方法，调整图片的大小和位置，并删除部分图片的背景，效果如图 5-44 所示。

图 5-43　应用图片样式后的图片效果

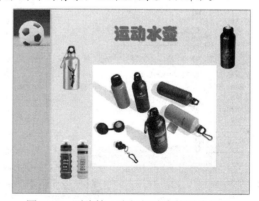

图 5-44　删除第 4 张幻灯片中的图片背景

(16) 选中中间的大图片，在【格式】选项卡的【大小】组中，单击【裁剪】下拉按钮，从弹出的菜单中选择【裁剪为形状】命令，在弹出的【基本形状】列表中选择【圆柱形】选项，即可将图片裁剪为圆柱形，如图 5-45 所示。

图 5-45　裁剪图片

提示

　　选中图片后，在【格式】选项卡的【大小】组中单击【裁剪】按钮，进入图片裁剪状态，拖动四周的控制板即可自由地裁剪图片。

　　(17) 选中左上方的图片，在【排列】组中单击【旋转】按钮，从弹出的菜单中选择【其他旋转选项】命令，打开【设置图片格式】对话框。

　　(18) 自动打开【大小】选项卡，在【旋转】微调框中输入 15°，单击【关闭】按钮，如图 5-46 所示。

　　(19) 使用同样的方法，设置右上角图片的旋转度为350°，设置左下角图片的旋转度为25°，此时幻灯片的最终效果如图 5-47 所示

图 5-46　【设置图片格式】对话框　　　　　图 5-47　旋转图片

　　(20) 在快速访问工具栏中单击【保存】按钮，保存设置图片格式后的"户外运动展览"

演示文稿。

⑤.3 创建图形

PowerPoint 2010 提供了功能强大的绘图工具,利用绘图工具可以在幻灯片中绘制各种线条、连接符、几何图形、星形以及箭头等复杂的图形。

⑤.3.1 绘制形状

在 PowerPoint 2010 中,通过【插入】选项卡的【插图】组中的【形状】按钮,可以在幻灯片中绘制一些简单的形状,如线条、基本图形。

在【插图】组单击【形状】按钮,在弹出的菜单中选择需要的形状,然后拖动鼠标在幻灯片中绘制需要的图形即可,如图 5-48 所示。

 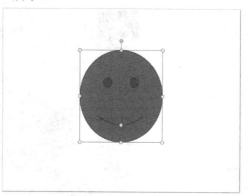

图 5-48 绘制【笑脸】图形

【例 5-6】打开【户外运动展览】演示文稿,在幻灯片中绘制图形。

(1) 启动 PowerPoint 2010 应用程序,打开【户外运动展览】演示文稿。

(2) 在左侧的幻灯片预览窗格中选择第 2 张幻灯片缩略图,将其显示在幻灯片编辑窗口中。

(3) 打开【插入】选项卡,在【插图】组单击【形状】按钮,在弹出的【基本形状】列表中选择【十字星】形状,如图 5-49 所示。

(4) 将鼠标指针移动到幻灯片中,待鼠标指针变成十字形状时,按住鼠标左键不放,拖动指针绘制一个星星图形,释放鼠标左键,即可完成【十字星】形状的绘制。

 提示 -

在绘制自选图形时,单击可插入固定大小图形,拖动可绘制出任意大小的图形。

(5) 参照步骤(3)和步骤(4),在幻灯片中绘制出 15 个【十字星】图形,效果如图 5-50 所示。

计算机 基础与实训教材系列

图 5-49　选择【十字星】形状　　　　　图 5-50　绘制多个十字星

(6) 在【插图】组单击【形状】按钮，在弹出的【星与旗帜形状】列表中选择【横卷形】形状，如图 5-51 所示。

(7) 将鼠标指针移动到幻灯片右下角中，单击在幻灯片中绘制出固定大小的【横卷形】图形，如图 5-52 所示。

图 5-51　选择【横卷形】形状　　　　　图 5-52　绘制【横卷形】形状

(8) 使用同样的方法，在第 3 和第 4 张灯片中绘制固定大小的横卷形，如图 5-53 所示。

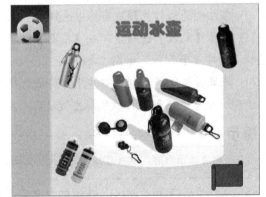

图 5-53　在其他幻灯片中绘制横卷形

(9) 在快速访问工具栏中单击【保存】按钮🔲，保存【户外运动展览】演示文稿。

5.3.2 设置形状格式

在 PowerPoint 2010 中，可以对绘制的形状进行个性化的编辑和修改。和其他操作一样，在进行设置前，应首先选中该图形，将打开如图 5-54 所示的【绘图工具】的【格式】选项卡，在其中对图形进行最基本的编辑和设置，包括旋转图形、对齐图形、组合图形、设置填充颜色、阴影效果和三维效果等。

图 5-54 形状的【绘图工具】的【格式】选项卡

【例 5-7】在【户外运动展览】演示文稿中，对绘制的图形进行设置。

(1) 启动 PowerPoint 2010 应用程序，打开【户外运动展览】演示文稿。

(2) 在左侧的幻灯片预览窗格中选择第 2 张幻灯片缩略图，将其显示在幻灯片编辑窗口中。

(3) 按住 Ctrl 键的同时，逐个单击【十字星】图形，选中所有的【十字星】图形，打开【绘图工具】的【格式】选项卡，在【排列】组中单击【组合】按钮🔲 组合▾，从弹出的菜单中选择【组合】命令，组合图形，如图 5-55 所示。

(4) 选择组合后的图形，在【形状样式】组中单击【其他】按钮▾，从弹出的形状样式列表中选择如图 5-56 所示的形状样式。

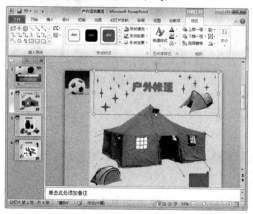

图 5-55 组合图形

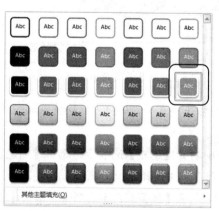

图 5-56 选择一种形状样式

(5) 在【形状样式】组中单击【形状效果】按钮，从弹出的菜单中选择【发光】命令，在弹出的【发光变体】列表中【橙色，5pt 发光，强调文字颜色 6】样式，如图 5-57 所示。

(6) 此时，即可为选中的图形应用指定的形状样式和形状效果，如图 5-58 所示。

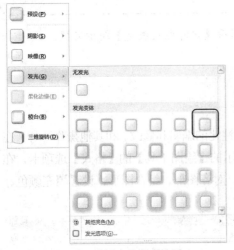

图 5-57　选择一种发光效果

图 5-58　设置形状样式和形状效果后的十字星

(7) 选中右下角的横卷形，并右击，从弹出的快捷菜单中选择【编辑文字】命令，如图 5-59 所示。

(8) 在幻灯片的【横卷形】图形中将会出现闪烁的光标，直接输入文本，设置字体为【方正舒体】，字号为 20，字形为【加粗】，如图 5-60 所示。

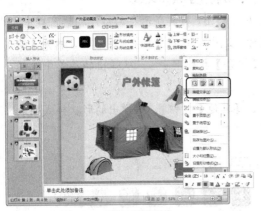

图 5-59　弹出右键菜单

图 5-60　在形状中输入文本

(9) 右击横卷形，从弹出的快捷菜单中选择【设置形状格式】命令，打开【设置形状格式】对话框。

(10) 打开【填充】选项卡，选中【渐变填充】单选按钮，单击【预设颜色】下拉按钮，从弹出的列表框中选择【茵茵绿原】样式，如图 5-61 所示。

(11) 打开【线条颜色】选项卡，单击【颜色】下拉按钮，从弹出的颜色面板中选择【浅绿】色块，如图 5-62 所示。

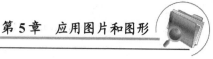

图 5-61 设置渐变填充效果

图 5-62 设置线条颜色

(12) 单击【关闭】按钮，完成设置，此时【横卷形】图形效果如图 5-63 所示。

图 5-63 显示设置形状格式后的横卷形

提示

　　打开【绘图工具】的【格式】选项卡，在【排列】组中单击【旋转】按钮，在弹出的菜单中选择相应的命令来实现形状的旋转操作；在【排列】组中单击【对齐】按钮，在弹出的菜单中选择相应的命令来实现形状的对齐操作。

计算机 基础与实训教材系列

(13) 使用同样的方法，设置第 3 和第 4 张幻灯片中的【横卷形】图形。最终效果如图 5-64 所示。

 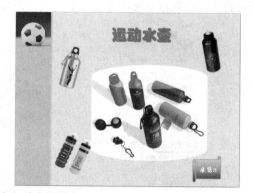

图 5-64 设置其他幻灯片中的横卷形

(14) 在快速访问工具栏中单击【保存】按钮 🔲，保存设置形状格式后的【户外运动展览】演示文稿。

⑤.4 创建 SmartArt 图形

使用 SmartArt 图形可以非常直观地说明层级关系、附属关系、并列关系、循环关系等各种常见的逻辑关系，而且所制作的图形漂亮精美，具有很强的立体感和画面感。

⑤.4.1 插入 SmartArt 图形

PowerPoint 2010 提供了多种 SmartArt 图形类型，如流程、层次结构等。

打开【插入】选项卡，在【插图】选项组中单击 SmartArt 按钮，打开【选择 SmartArt 图形】对话框，如图 5-65 所示。在该对话框中，用户可以根据需要选择合适的类型，单击【确定】按钮，即可在幻灯片中插入 SmartArt 图形。

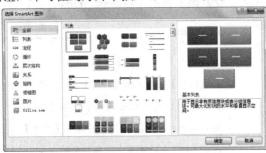

提示

在幻灯片占位符中单击【插入 SmartArt 图形】按钮，同样可以打开【选择 SmartArt 图形】对话框。

图 5-65 【选择 SmartArt 图形】对话框

【例 5-8】打开【户外运动展览】演示文稿，在添加的新幻灯片中插入 SmartArt 图形。

(1) 启动 PowerPoint 2010 应用程序，打开【户外运动展览】演示文稿。

(2) 在左侧的幻灯片预览窗格中选择第 4 张幻灯片缩略图，将其显示在幻灯片编辑窗口中。

(3) 打开【开始】选项卡，在【幻灯片】组中单击【新建幻灯片】按钮下方的下拉按钮，从弹出的下拉列表框中选择【空白】选项，即可添加一张特定版式的幻灯片，如图 5-66 所示。

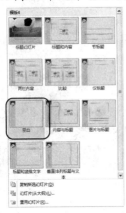

图 5-66 在演示文稿中添加一张特定版式的幻灯片

（4）打开【插入】选项卡，在【插图】组中单击 SmartArt 按钮，打开【选择 SmartArt 图形】对话框。

（5）在左侧的类别列表中选择【层次结构】选项，在中间的列表框中选择【组织结构图】选项，如图 5-67 所示。

（6）单击【确定】按钮，即可在第 5 张幻灯片中插入 SmartArt 图形，如图 5-68 所示。

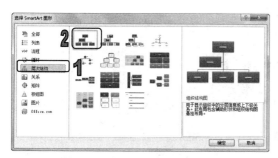

图 5-67　选择层次结构关系图

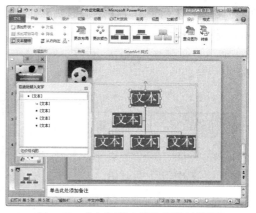

图 5-68　在幻灯片中输入组织结构图

（7）在【文本】框中输入文本，并拖动鼠标调节图形大小和位置，效果如图 5-69 所示。

图 5-69　在 SmartArt 图形中输入文本

知识点

默认情况下，插入 SmartArt 图形后，自动打开【在此处键入文字】窗格，在其中同样可以实现文本的输入。若要打开该窗格，可以选中 SmartArt 图形，单击图形边框上的按钮即可。

（8）在快速访问工具栏中单击【保存】按钮，保存【户外运动展览】演示文稿。

⑤.4.2　编辑 SmartArt 图形

创建 SmartArt 图形后，有些地方往往会不符合自己的要求，还需要对插入的 SmartArt 图形进行各种编辑，如插入或删除、调整形状顺序以及更改布局等。

1. 添加和删除形状

默认情况插入的 SmartArt 图形的形状较少，用户可以根据需要在相应的位置添加形状。如果形状过多，还可以对其进行删除。

【例 5-9】在【户外运动展览】演示文稿中，为 SmartArt 图形添加形状。

(1) 启动 PowerPoint 2010 应用程序，打开【户外运动展览】演示文稿。

(2) 在左侧的幻灯片预览窗格中选择第 5 张幻灯片缩略图，将其显示在幻灯片编辑窗口中。

(3) 选中最左下侧的【中外文化交流会】形状，打开【SmartArt 工具】的【设计】选项卡，在【创建图形】组中单击【添加形状】下拉按钮，从弹出的下拉菜单中选择【在下方添加形状】命令，此时即可在该形状下侧添加一个形状，如图 5-70 所示。

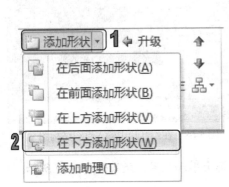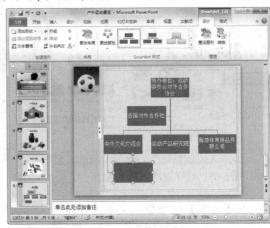

图 5-70 添加形状

(4) 使用同样的方法，在【中外文化交流会】和【辉煌体育用品有限公司】形状下方各添加一个形状，效果如图 5-71 所示。

(5) 在新建的形状【文本】框中输入文本，最终效果如图 5-72 所示。

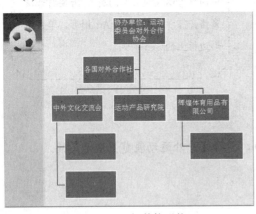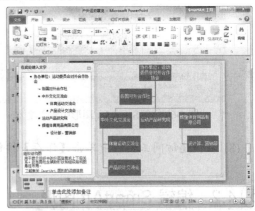

图 5-71 添加其他形状　　　　　　　　图 5-72 在添加的形状中输入文本

知识点

在 SmartArt 图形中直接选中要删除的形状，按 Delete 键，即可将其删除。

(6) 在快速访问工具栏中单击【保存】按钮，保存【户外运动展览】演示文稿。

2. 调整形状顺序

在制作 SmartArt 图形的过程中，用户可以根据自己的需求调整图形间各形状的顺序，如将上一级的形状调整到下一级等。

选中形状，打开【SmartArt 工具】的【设计】选项卡，在【创建图形】组中单击【升级】按钮，将形状上调一个级别；单击【下降】按钮，将形状下调一个级别；单击【上移】或【下移】按钮，将形状在同一级别中向上或向下移动。

3. 更改布局

当用户编辑完关系图后，如果发现该关系图不能很好地反映各个数据、内容关系，则可以更改 SmartArt 图形的布局。

选中 SmartArt 图形，打开【SmartArt 工具】的【设计】选项卡，在【布局】组中单击【其他】按钮，从弹出的如图 5-73 所示的列表中可以重新选择布局样式，若选择【其他布局】命令，打开【选择 SmartArt 图形】对话框，在该对话框中同样可以更改图形的样式。

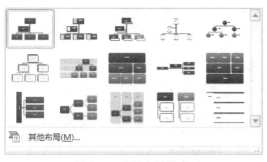

图 5-73　选择布局样式

> **知识点**
>
> PowerPoint 2010 还为用户提供了将 SmartArt 图形转换为形状与文本的功能，打开【SmartArt 工具】的【设计】选项卡，在【重置】组中单击【转换】按钮，从弹出的菜单中选择【转化为形状】和【转换为文本】命令即可。

⑤.4.3　设计 SmartArt 图形样式

在 PowerPoint 2010 中，设计 SmartArt 样式包括两个方面：一是更改 SmartArt 图形中的单个形状的样式；二是设置整个 SmartArt 图形的样式。经过设计后，SmartArt 图形将会变得更加美观。

【例 5-10】在【户外运动展览】演示文稿中，设计 SmartArt 图形样式。

(1) 启动 PowerPoint 2010 应用程序，打开【户外运动展览】演示文稿。

(2) 在左侧的幻灯片预览窗格中选择第 5 张幻灯片缩略图，将其显示在幻灯片编辑窗口中。

(3) 选中 SmartArt 图形的所有形状，打开【SmartArt 工具】的【格式】选项卡，在【大小】组的【宽度】微调框中输入"5.8 厘米"，调节形状的宽度，效果如图 5-74 所示。

(4) 选中最上方的形状，在【格式】选项卡的【形状】组中单击【更改形状】按钮，从弹出的菜单中选择【圆角矩形】选项，更改形状，如图 5-75 所示。

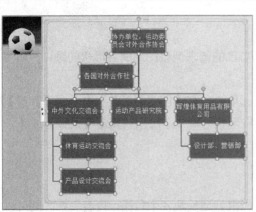 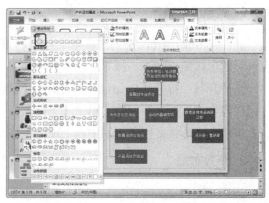

图 5-74　设置 SmartArt 图形中的形状大小　　　　图 5-75　更改单个形状

(5) 选中 SmartArt 图形，打开【SmartArt 工具】的【设计】选项卡，在【SmartArt 样式】组中单击【更改颜色】按钮，在弹出的【彩色】列表中选择【彩色范围-强调文字颜色 2 至 3】选项，为 SmartArt 图形更改颜色，如图 5-76 所示。

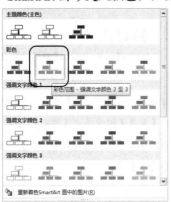 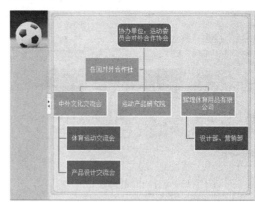

图 5-76　更改 SmartArt 图形的颜色

(6) 在【SmartArt 样式】组中单击【其他】按钮 ，从弹出的列表中选择【三维】栏中的【卡通】选项，为 SmartArt 图形应用该 SmartArt 样式，如图 5-77 所示。

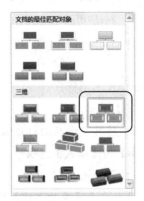 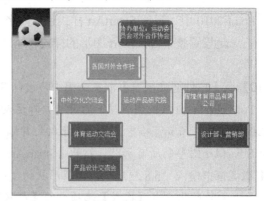

图 5-77　设置 SmartArt 图形的三维样式

（7）选中最下方添加的形状，打开【SmartArt 工具】的【格式】选项卡，在【形状样式】组中单击【形状填充】按钮，在弹出的颜色面板中选择【浅蓝】色块，为形状应用【浅蓝】填充色。

（8）选中形状中间的连接线，在【形状样式】组中单击【其他】按钮，从弹出的列表中选择一种蓝色线型，为 SmartArt 图形中连接线应用该形状样式，如图 5-78 所示

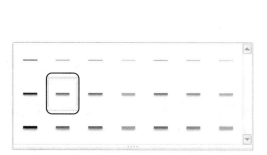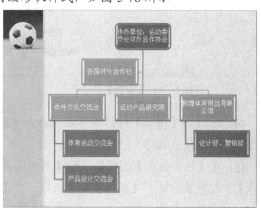

图 5-78　更改图形的填充色和线连接线样式

（9）在快速访问工具栏中单击【保存】按钮，保存设置后的【户外运动展览】演示文稿。

⑤.5　制作电子相册

随着数码相机的普及，使用计算机制作电子相册的用户越来越多，当没有制作电子相册的专门软件时，使用 PowerPoint 2010 也能轻松地制作出漂亮的电子相册。在商务应用中，电子相册同样适用于介绍公司的产品目录，或者分享图像数据及研究成果。

⑤.5.1　创建相册

要在幻灯片中新建相册，可以打开【插入】选项卡，在【图像】选项组中单击【相册】按钮，打开【相册】对话框，从本地磁盘的文件夹中选择相关的图片文件，单击【创建】按钮即可。在插入相册的过程中可以更改图片的先后顺序、调整图片的色彩明暗对比与旋转角度，以及设置图片的版式和相框形状等。

【例 5-11】在幻灯片中创建相册，制作【马尔代夫游】相册。

（1）启动 PowerPoint 2010 应用程序，打开一个空白演示文稿。

（2）打开【插入】选项卡，在【图像】选项组中单击【相册】按钮，打开【相册】对话框，单击【文件/磁盘】按钮，如图 5-79 所示。

（3）打开【插入新图片】对话框，在图片列表中选中需要的图片，单击【插入】按钮，如图 5-80 所示。

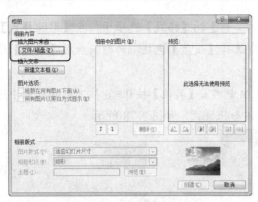

图 5-79 　【相册】对话框

图 5-80 　【插入新图片】对话框

(4) 返回到【相册】对话框，在【相册中的图片】列表中选择图片，单击 和 按钮，调节图片的位置，如图 5-81 所示。

(5) 在【相册版式】选项区域的【图片版式】下拉列表中选择【4 张图片】选项，在【相框形状】下拉列表中选择【圆角矩形】选项，在【主题】右侧单击【浏览】按钮，如图 5-82 所示。

图 5-81 　调节图片位置

图 5-82 　选择相册版式

(6) 打开【选择主题】对话框，选择主题 Austin，单击【选择】按钮，如图 5-83 所示。

(7) 返回到【相册】对话框，单击【创建】按钮，创建包含 12 张照片的电子相册，此时在演示文稿中显示相册封面和图片，如图 5-84 所示。

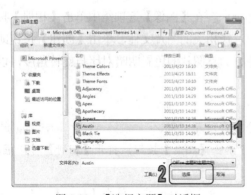

图 5-83 　【选择主题】对话框

图 5-84 　显示创建的电子相册

(8) 单击【文件】按钮，在弹出的菜单中选择【另存为】命令，将该演示文稿以文件名"马尔代夫游"进行保存。

⑤.5.2 编辑相册

对于建立的相册，如果不满意它所呈现的效果，可以在【插入】选项卡的【图像】选项组中单击【相册】按钮，在弹出的菜单中选择【编辑相册】命令，打开【编辑相册】对话框，重新修改相册顺序、图片版式、相框形状、演示文稿设计模板等相关属性。

【例 5-12】在【马尔代夫游】演示文稿中，重新设置相册格式，并修改文本。

(1) 启动 PowerPoint 2010 应用程序，打开【马尔代夫游】演示文稿。

(2) 打开【插入】选项卡，在【图像】选项组中单击【相册】按钮，从弹出的菜单中选择【编辑相册】命令，打开【编辑相册】对话框。

(3) 在【相册版式】选项区域中设置【图片版式】属性为【4 张图片(带标题)】，并设置【相框形状】属性为【居中矩形阴影】，单击【更新】按钮，如图 5-85 所示。

(4) 此时，即可在演示文稿中显示更新后的相册效果，如图 5-86 所示。

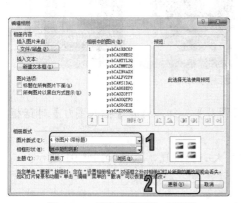

图 5-85　【编辑相册】对话框

图 5-86　更新后的相册

(5) 在第 1 张幻灯片输入标题和副标题文本，设置标题字体为【华文琥珀】，字号为 54，字体效果为【阴影】，文本居中对齐；设置副标题字体为【华文隶书】，字号 32，字体颜色为【褐色，强调文字颜色 5】，文本右对齐，如图 5-87 所示。

(6) 在左侧的幻灯片预览窗格中选择第 2 张幻灯片缩略图，将其显示在幻灯片编辑窗口中。

(7) 拖动鼠标调节标题文本占位符的位置，然后在其中输入标题文本，设置其字体为【幼圆】，字号为 54，字形为【加粗】，如图 5-88 所示。

(8) 使用同样的方法，在第 3 和第 4 张幻灯片中添加标题文本，设置其字体为【幼圆】，字号为 54，字形为【加粗】，效果如图 5-89 所示。

(9) 在左侧的幻灯片预览窗格中选择第 1 张幻灯片缩略图，将其显示在幻灯片编辑窗口中。

图 5-87 设置标题和副标题文本

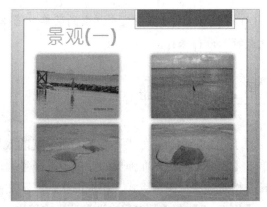
图 5-88 添加标题文本

图 5-89 为其他幻灯片添加标题文本

(10) 打开【插入】选项卡，在【图像】组中单击【图片】按钮，打开【插入图片】对话框，选择图片，单击【插入】按钮，如图 5-90 所示。

(11) 此时，即可将图片插入到幻灯片中，调节图片大小和位置，效果如图 5-91 所示。

图 5-90 选择要插入的图片

图 5-91 在封面中插入图片

(12) 在快速访问工具栏中单击【保存】按钮，保存【马尔代夫游】演示文稿。

⑤.6　上机练习

　　本章的上机练习主要练习制作英语教学课件和制作产品展示相册，使用户更好地掌握插入艺术字、插入图片、插入形状和创建相册的方法和技巧。

⑤.6.1　制作英语教学课件

　　本上机练习通过在 PowerPoint 2010 中制作【幼儿英语教学】课件来巩固本章所学知识。

　　(1) 启动 PowerPoint 2010 应用程序，新建一个空白演示文稿，单击【文件】按钮，从弹出的【文件】菜单中选择【新建】命令，并在中间的窗格中选择【我的模板】选项。

　　(2) 打开【新建演示文稿】对话框，选择【模板 1】模板，单击【确定】按钮，此时即可新建一个基于模板的新演示文稿，将其以"幼儿英语教学"为名保存，如图 5-92 所示。

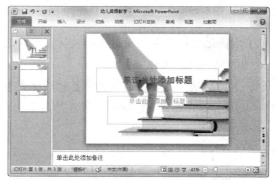

图 5-92　根据我的模板创建【幼儿英语教学】演示文稿

　　(3) 自动显示第 1 张幻灯片，在【单击此处添加标题】占位符中输入"幼儿英语教学"，设置其字体为【华文彩云】、字号为 72，字形为【加粗】、【阴影】；在【单击此处添加副标题】占位符中输入文本，设置其字形为【加粗】，对齐方式为【文本左对齐】，如图 5-93 所示。

　　(4) 打开【插入】选项卡，在【图像】组中单击【图片】按钮。打开【插入图片】对话框，选择所需的图片，单击【插入】按钮，如图 5-94 所示。

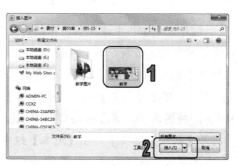

图 5-93　在幻灯片中输入标题和副标题　　　　图 5-94　选择教学图片

计算机基础与实训教材系列

(5) 此时，即可在幻灯片中插入图片，然后拖动鼠标调节图片的大小和位置，效果如图 5-95 所示。

(6) 打开【插入】选项卡，在【插图】组中单击【形状】按钮，从弹出的【星与旗帜】菜单列表中选择【前凸带形】选项，拖动鼠标在幻灯片中绘制图形，如图 5-96 所示。

图 5-95　调节图片大小和位置　　　　　图 5-96　绘制【前凸带形】图形

(7) 右击选中的形状，在弹出的快捷菜单中选择【编辑文字】命令，在图形中输入文本，设置文本字体为【华文中宋】。

(8) 选中形状，打开【绘图工具】的【格式】选项卡，在【形状样式】组中单击【其他】按钮，从弹出的样式列表框中选择第 6 行第 7 列中的形状样式，为【前凸带形】图形应用该样式，如图 5-97 所示。

图 5-97　为【前凸带形】图形设置形状样式

(9) 在幻灯片预览窗格中选中第 2 张幻灯片缩略图，将其显示在幻灯片编辑窗口中。

(10) 选中所有的占位符，按 Delete 键，删除幻灯片中的所有占位符。

(11) 打开【插入】选项卡，在【图像】组中单击【图片】按钮，打开【插入图片】对话框，选择所需的图片，单击【插入】按钮，如图 5-98 所示。

(12) 此时，将图片插入第 2 张幻灯片中，拖动鼠标调节图片的位置和大小，如图 5-99 所示。

(13) 打开【插入】选项卡，在【文本】组中单击【艺术字】按钮，从弹出列表框中选择第 4 行第 2 列中的样式，在【请在此放置您的文字】艺术字文本框中输入文本"苹果"。

(14) 使用同样的方法，在幻灯片中插入"桔子"艺术字，最终效果如图 5-100 所示。

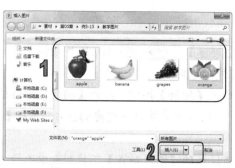

图 5-98　选择教学素材图片

图 5-99　调节教学图片的大小和位置

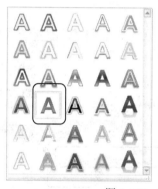

图 5-100　在第 2 张幻灯片中创建艺术字

(15) 打开【插入】选项卡，在【文本】组中单击【文本框】下拉按钮，从弹出的下拉菜单中选择【横排文本框】命令，拖动鼠标在幻灯片中绘制两个横排文本框。

(16) 分别在文本框中输入英文字母，设置字体为 Times New Roman，字号为 54，字体颜色为【红色】，效果如图 5-101 所示。

(17) 使用同样的方法，在第 3 张幻灯片中插入图片、艺术字和文本框，如图 5-102 所示。

图 5-101　在第 2 张幻灯片中插入文本框

图 5-102　第 3 张幻灯片效果

(18) 在快速访问工具栏中单击【保存】按钮，保存【幼儿英语教学】演示文稿。

⑤.6.2 制作产品展示相册

本上机练习通过在 PowerPoint 2010 中制作【产品展示】相册来巩固本章所学知识。

(1) 启动 PowerPoint 2010 应用程序，新建一个空白演示文稿。

(2) 打开【插入】选项卡，在【图像】选项组中单击【相册】按钮，打开【相册】对话框，单击【文件/磁盘】按钮，打开【插入新图片】对话框，在图片列表中选中需要的图片，单击【插入】按钮，如图 5-103 所示。

(3) 返回到【相册】对话框，在【相册版式】选项区域的【图片版式】下拉列表中选择【4张图片】选项，在【相框形状】下拉列表中选择【圆角矩形】选项，在【主题】右侧单击【浏览】按钮，如图 5-104 所示。

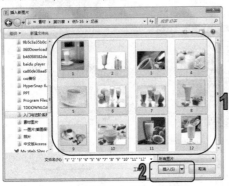
图 5-103 选择要展示的产品图片

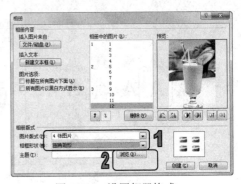
图 5-104 设置相册格式

(4) 打开【选择主题】对话框，选择需要的主题 Equity，单击【选择】按钮，如图 5-105 所示。

(5) 返回到【相册】对话框，单击【创建】按钮，即可创建电子相册，此时在演示文稿中显示相册封面和图片，如图 5-106 所示。

图 5-105 选择演示文稿主题

图 5-106 创建的模板相册

(6) 在幻灯片预览窗格中选中第 1 张幻灯片缩略图，将其显示在幻灯片编辑窗口中。

(7) 修改标题文本，设置其字号为 60，字形为【加粗】、【阴影】；修改副标题文本，设置其字号为 32，字形为【倾斜】，文本对齐方式为【文本右对齐】，如图 5-107 所示。

(8) 打开【插入】选项卡，在【图像】组中单击【剪贴画】按钮，打开【剪贴画】窗格。在【搜索文字】文本框中输入"茶"，单击【搜索】按钮，开始搜索剪贴画。

(9) 搜索完毕后，在剪贴画列表框中单击要插入的剪贴画，将其插入幻灯片中，如图 5-108 所示。

图 5-107　在相册中输入和设置文本

图 5-108　在相册中插入剪贴画

(10) 使用鼠标拖动法调节图片和副标题占位符的大小和位置，使其效果如图 5-109 所示。

(11) 选中图片，打开【图片工具】的【格式】选项卡，在【大小】组中单击【裁剪】下拉按钮，从弹出的下拉菜单中选择【裁剪为形状】命令，然后在【星与旗帜】列表框中选择【十二角星】选项，如图 5-110 所示。

图 5-109　调节占位符和剪贴画大小和位置

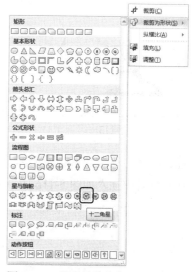

图 5-110　选择裁剪命令

(12) 此时，图片将自动裁剪为十二角星的形状，效果如图 5-111 所示。

(13) 单击【文件】按钮，在弹出的菜单中选择【另存为】命令，将该演示文稿以文件名"产品展示"进行保存。

(14) 在状态栏中单击【幻灯片浏览】视图按钮，打开幻灯片浏览视图，即可查看产品展示相册中的相册，如图 5-112 所示。

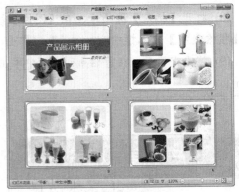

图 5-111　显示裁剪的剪贴画　　　　　　　　　　　　　图 5-112　浏览相册

⑤.7　习题

　　1. 在幻灯片中插入如图 5-113 所示的两幅剪贴画，水平翻转右侧剪贴画，设置左侧剪贴画的图片样式为【矩形投影】；设置右侧剪贴画的图片样式为【厚重亚光，黑色】，使得剪贴画效果如图 5-114 所示。

图 5-113　习题 1(1)　　　　　　　　　　　　　　　图 5-114　习题 1(2)

　　2. 在幻灯片中绘制图形和添加艺术字，使得幻灯片效果如图 5-115 所示。

　　3. 在幻灯片中插入如图 5-116 所示的三维 SmartArt 图形，并在图形中间添加剪贴画。

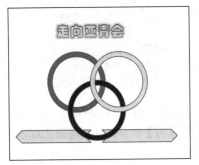

图 5-115　习题 2　　　　　　　　　　　　　　　图 5-116　习题 3

应用表格和图表

学习目标

表格是组织数据最有用的工具之一，能够以易于理解的方式显示数字或者文本。而图表则更能直观地反映这些数据或文本，在 PowerPoint 中创建表格和图表的方法与 Word 中类似。本章主要介绍创建表格和图表的方法，以及编辑、美化表格和图表等操作。

本章重点

- ◉ 创建表格
- ◉ 编辑表格
- ◉ 美化表格
- ◉ 创建图表
- ◉ 美化图表

6.1 创建表格

在演示文稿中，有些数据很难通过文字、图片、图形等来表达，如销售数据报告中的数据、生产报表或财务预算等。然而，这些数据用表格来表达却可以一目了然。PowerPoint 2010 为用户提供了表格处理工具。使用它，可以方便地在幻灯片中插入表格，然后在其中输入数据。

6.1.1 快速插入表格

PowerPoint 支持多种快速插入表格的方式。例如，可以在幻灯片中直接插入，也可以从 Word 和 Excel 应用程序中调入。快速插入表格功能能够方便地辅助用户完成表格的输入，提高在幻灯片中添加表格的效率。

1．通过占位符插入表格

当幻灯片版式为内容版式或文字和内容版式时，可以通过幻灯片中占位符中的【插入表格】项目按钮来创建。其方法很简单，在 PowerPoint 2010 中，单击占位符中的【插入表格】按钮，打开【插入表格】对话框，在【行数】和【列数】文本框中输入行数和列数，单击【确定】按钮，即可快速插入表格，如图 6-1 所示。

图 6-1　通过占位符插入表格

2．通过【表格】组插入表格

除了可以通过占位符插入表格外，还可以通过【表格】组插入。其方法为：打开【插入】选项卡，在【表格】组中单击【表格】下拉按钮，从弹出的下拉列表中选择行数和列数，即可在幻灯片中插入表格，如图 6-2 所示。

另外，在如图 6-2 所示的菜单中选择【插入表格】命令，打开【插入表格】对话框，在【行数】和【列数】文本框中输入行数和列数，如图 6-3 所示，单击【确定】按钮，即可在幻灯片中插入表格。

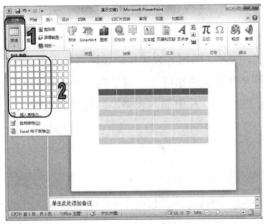

图 6-2　通过【表格】组插入表格　　　图 6-3　使用菜单命令插入表格

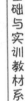

【例6-1】创建【公司业绩考核报告】演示文稿，在幻灯片中创建一个8行5列的表格。

(1) 启动 PowerPoint 2010 应用程序，打开一个空白演示文稿。单击【文件】按钮，从弹出的【文件】菜单中选择【新建】命令，并在中间的窗格中选择【我的模板】选项。

(2) 打开【新建演示文稿】对话框，选择【模板11】选项，单击【确定】按钮，如图 6-4 所示。

(3) 此时，即可新建一个基于模板的新演示文稿，将其以"公司业绩考核报告"为名保存，如图 6-5 所示。

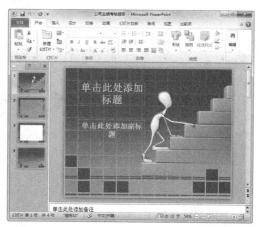

图6-4 【新建演示文稿】对话框　　　　图6-5 创建【公司业绩考核报告】演示文稿

(4) 在【单击此处添加标题】占位符输入"销售业绩考核报告"，设置其字体为【华文琥珀】，字号为48；在【单击此处添加副标题】占位符中输入"——二零一二年各分公司统计汇总"，设置其字体为【华文新魏】，字号为28，字形为【加粗】，字体效果为【阴影】，对齐方式为【文本右对齐】，如图6-6所示。

(5) 在左侧的幻灯片预览窗格中选择第2张幻灯片缩略图，将其显示在幻灯片编辑窗口中。

(6) 在【单击此处添加标题】占位符中输入文本，设置其字体为【华文隶书】，字号为44，字体效果为【阴影】；选中【单击此处添加文本】占位符，按Delete键，将其删除，此时幻灯片效果如图6-7所示。

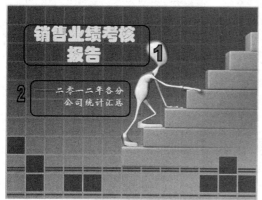

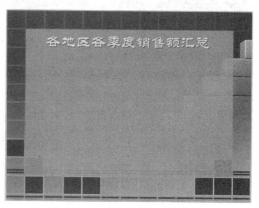

图6-6 设置第1张标题和副标题文本　　　　图6-7 设置第2张幻灯片标题

(7) 打开【插入】选项卡，在【表格】组中单击【表格】按钮，从弹出的菜单中选择【插入表格】命令，打开【插入表格】对话框，在【列数】和【行数】微调框中输入 5 和 8，如图 6-8 所示。

(8) 单击【确定】按钮，即可在第 2 张幻灯片中插入一个 8 行 5 列的表格，如图 6-9 所示。

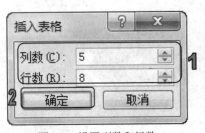

图 6-8 设置列数和行数　　　　　　图 6-9 插入一个 8 行 5 列的表格

3. 调用 Word 及 Excel 表格

使用 PowerPoint 2010 的插入对象功能，可以在幻灯片中直接调用 Word 和 Excel 应用程序，从而将表格以外部对象插入到 PowerPoint 中。调用程序后，表格的编辑方法与直接使用 Word 和 Excel 程序一样。当编辑完表格后，在插入对象外的任意处单击，即可返回 PowerPoint 界面。如果需要再次编辑该表格，双击即可再次进入 Word 和 Excel 编辑状态。

> **提示**
>
> 打开【插入】选项卡，在【表格】组中单击【表格】下拉按钮，在弹出的菜单中选择【Excel 电子表格】命令，即可调用 Excel 2010 程序，在幻灯片中插入一个 Excel 电子表格，如图 6-10 所示。

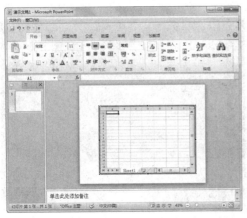
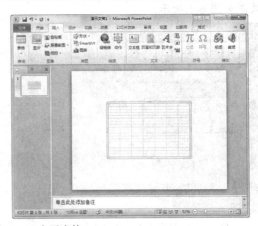

图 6-10 插入一个 Excel 电子表格

【例6-2】打开【公司业绩考核报告】演示文稿，使用插入对象功能，在幻灯片中插入 Excel 表格。

(1) 启动 PowerPoint 2010 应用程序，打开【公司业绩考核报告】演示文稿。

(2) 在左侧的幻灯片预览窗格中选择第 3 张幻灯片缩略图，将其显示在幻灯片编辑窗口中。

(3) 在【单击此处添加标题】占位符中输入文本，设置其字体为【华文隶书】，字号为 44，字体效果为【阴影】；选中【单击此处添加文本】占位符，按 Delete 键，将其删除，此时幻灯片效果如图 6-11 所示。

(4) 打开【插入】选项卡，在【文本】组中单击【对象】按钮，打开如图 6-12 所示【插入对象】对话框。

(5) 选中【由文件创建】单选按钮，单击【浏览】按钮。

图 6-11　设置第 3 张幻灯片标题　　　　图 6-12　【插入对象】对话框

(6) 打开【浏览】对话框，选择要插入的 Excel 表格，单击【确定】按钮，如图 6-13 所示。

(7) 返回至【插入对象】对话框，在【文件】文本框中显示 Excel 文件所在的路径，单击【确定】按钮，如图 6-14 所示。

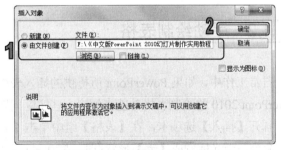

图 6-13　【浏览】对话框　　　　　图 6-14　设置将文件作为对象

(8) 此时，即可在幻灯片中显示调用了的 Excel 文件，效果如图 6-15 所示。

(9) 双击表格，进入 Excel 表格编辑状态，在其中使用 Excel 的相关功能可以编辑和设置表格，如图 6-16 所示。

(10) 在幻灯片中任意处单击，退出表格编辑状态，拖动 Excel 表格边框，使其大小和使用表格的面积大小相同，效果如图 6-17 所示。

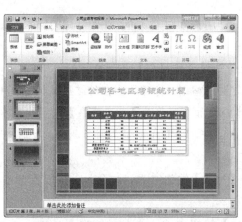

图 6-15 在幻灯片中插入表格对象

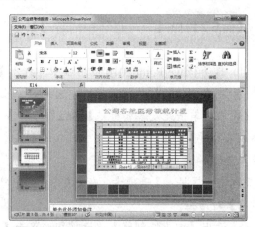

图 6-16 编辑表格

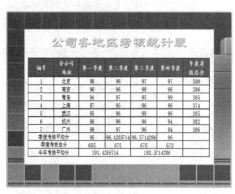

图 6-17 调节表格大小和位置

提示

用户也可以将 Excel 或 Word 中的现有表格复制并粘贴到演示文稿中。使用【复制】和【粘贴】命令，即可将表格粘贴至幻灯片中使用。

　　(11) 在快速访问工具栏中单击【保存】按钮■，保存修改后的【公司业绩考核报告】演示文稿。

.1.2 手动绘制表格

　　日常工作中，如果 PowerPoint 所提供的插入表格的功能难以满足用户需求，那么可以通过 PowerPoint 2010 的绘制表格功能来解决一些实际问题。

　　打开【插入】选项卡，在【表格】组中单击【表格】按钮，从弹出的菜单中选择【绘制表格】命令，当光标变成【笔】形状∥时，拖动鼠标，绘制表格的外框，如图 6-18 所示。

　　此时，自动打开【表格工具】的【设计】选项卡，在【绘图边框】组中单击【绘制表格】按钮，将光标移至为边框内部(表格内部)，绘制出表格的行和列，如图 6-19 所示。再次单击【绘制表格】按钮，可结束表格的绘制操作。

知识点

在绘制表格的行和列时，要将光标移至表格的内部绘制，否则又将绘制出表格的外边框。

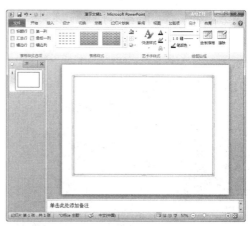

图 6-18 绘制表格外框

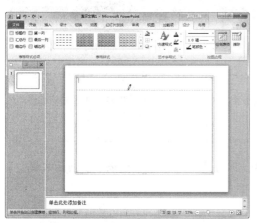
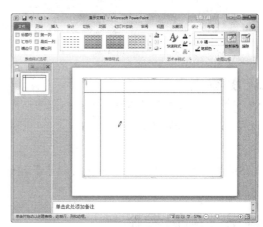

图 6-19 绘制表格内部边框

提示

要擦除单元格、行或列中的线条，可以首先选中表格，在【设计】选项卡的【绘图边框】组中单击【橡皮擦】按钮或按住 Shift 键单击线条即可。

⑥.1.3 在表格中输入文本

创建完表格后，将光标定位在任意一个单元格中，用户可以在其中输入文本。输入完一个单元格内容后可以切换到其他单元格中继续输入。

【例 6-3】在【公司业绩考核报告】演示文稿中，为表格输入文本。

(1) 启动 PowerPoint 2010 应用程序，打开【公司业绩考核报告】演示文稿。

(2) 在左侧的幻灯片预览窗格中选择第 2 张幻灯片缩略图，将其显示在幻灯片编辑窗口中。

(3) 将光标定位在第 1 行第 1 列的单元格中，在单元格中输入"新建住房销售价格涨幅较大的主要城市"，如图 6-20 所示。

(4) 按 Tab 键或小键盘的←、→、↓和↑键切换到其他单元格中继续输入文本，输入完成后的效果如图 6-21 所示。

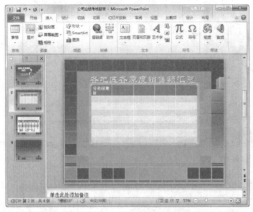

图 6-20　在第一个单元格中输入文本

图 6-21　输入表格文本后的幻灯片效果

知识点

除了使用键盘中的键定位单元格外，还可以将光标移至需要输入内容的单元格内，激活该单元格，然后直接在该单元格中输入文本。

(5) 在快速访问工具栏中单击【保存】按钮，保存【公司业绩考核报告】演示文稿。

6.2　编辑表格

插入到幻灯片中的表格不仅可以像文本框和占位符一样被选中、移动、调整大小及删除，还可以对单元格进行编辑，如拆分、合并、添加行和列、设置行高和列宽等。

6.2.1　选取单元格

在编辑表格对象时，需要先选中它，所选中的单元格呈蓝色底纹显示。选择单元格的方法和选择幻灯片中的文本类似，常见的几种选择方法如下所述。

- 选择单个单元格：将光标移动到表格的单元格的左端线上，当光标变为一个指向右的黑色箭头↗时，单击即可，如图 6-22 所示。
- 选择整行和整列：将光标移动到表格边框的左侧的行标上，当光标变为 ➡ 形状时，单击即可选中该行；同样将光标移动到表格边框上方的列标上，当光标变为 ↓ 形状时，单击即可选中该列。

- 选择连续的单元格区域：将光标移动到需选择的单元格区域左上角，拖动鼠标至右下角，可选择左上角至右下角之间的单元格区域，如图 6-23 所示。
- 选择整个表格：将光标移动到任意单元格中，然后按 Ctrl+A 组合键，即可选中整个表格。

图 6-22　选择单个单元格

图 6-23　选择连续的单元格区域

 知识点

在选择单元格时，选择一行或一列后，向相应方向拖动鼠标，即可选择多行或多列。而如果发现选择错误了，单击任意区域即可取消选中单元格或单元格区域。另外，将光标定位在指定单元格中，打开【表格工具】的【布局】选项卡，在【表】组中单击【选择】按钮，从弹出的菜单中选择【选择表格】命令，即可选中整个表格；选择【选择列】命令，即可选择指定单元格所在的整列；选择【选择行】命令，即可选择指定单元格所在的整行。

计算机 基础与实训教材系列

⑥.2.2　插入与删除行、列

在编辑表格时，如果发现表格的行、列数不够，则可插入行、列；如果表格中的行、列数超过了需求，则可将多余的行或列删除。

1. 插入行或列

通常情况下，用户可以通过【表格工具】的【布局】选项卡中的【行和列】组来插入行或列。在表格中插入行或列，可以分为在上方插入行或下方插入行，在左侧插入列或在右侧插入列这 4 种情况，具体介绍如下。

- 在行的上方插入行：将光标移至插入位置，在【行和列】组中单击【在上方插入】按钮即可。
- 在行的下方插入行：将光标移至插入位置，在【行和列】组中单击【在下方插入】按钮即可。

- 在列的左侧插入列：将光标移至插入位置，在【行和列】组中单击【在左侧插入】按钮即可。

- 在列的右侧插入列：将光标移至插入位置，在【行和列】组中单击【在右侧插入】按钮即可。

 知识点

选择几行或几列后，在【行和列】组中单击相应的按钮，可以在表格中插入与选择行或列的数目相同的几行或列。另外，使用右键菜单同样可以执行行或列的插入操作，右击选中的行或列，从弹出的菜单中选择【插入】命令，在弹出的子菜单中选择【在上方插入行】、【在下方插入行】、【在左侧插入列】或【在右侧插入列】命令即可。

2. 删除行或列

选择将删除的行或列，打开【表格工具】的【布局】选项卡，在【行和列】组中单击【删除】下拉按钮，从弹出的菜单中选择【删除行】或【删除列】命令，即可快速地删除行或列。如图 6-24 所示的是删除列的操作过程。

图 6-24 删除列的操作

 知识点

选择将删除的行或列，在【开始】选项卡的【剪贴板】组中，单击【剪切】按钮，或者右击选中的行或列，从弹出的快捷菜单中选择【删除行】或【删除列】命令，同样可以实现删除行或列的操作。

⑥.2.3 调整行高与列宽

一般情况下，刚创建的表格的行高和列宽都是默认值。由于每个单元格中的内容并不是相等的，因此需要对表格的列宽和行高进行适当调整。在 PowerPoint 2010 中，调整行高和列宽的方法有两种：一种是使用鼠标拖动进行调整，另一种是通过【单元格大小】组来调整。

1. 使用鼠标拖动调整

使用鼠标拖动调整行高和列宽是最常用的方法，将光标移至表格的行或列边界上，当光标变为双向箭头形状╫或╪时，拖动鼠标调整列宽或行高。如图 6-25 所示的是使用鼠标调节列宽的操作过程。

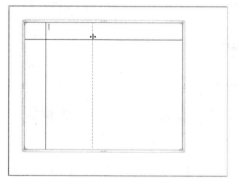
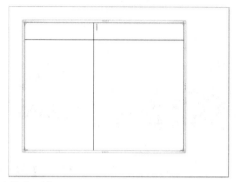

图 6-25　调整表格的列宽

知识点

> PowerPoint 2010 提供自动调整行高的功能，当单元格中的内容超过列宽时，系统将自动调整单元格的行高。

2. 通过【单元格大小】组调整

将光标定位在需要调整行高和列宽的单元格内，打开【表格工具】的【布局】选项卡，在【单元格大小】组中的【高度】和【宽度】微调框中输入相应的数值，即可快速调整表格的行高和列宽。

【例 6-4】在【公司业绩考核报告】演示文稿中，调整表格的行高和列宽。

(1) 启动 PowerPoint 2010 应用程序，打开【公司业绩考核报告】演示文稿。

(2) 在左侧的幻灯片预览窗格中选择第 2 张幻灯片缩略图，将其显示在幻灯片编辑窗口中。

(3) 选中表格，打开【表格工具】的【布局】选项卡，在【单元格大小】组的【高度】和【宽度】微调框中分别输入"1.5 厘米"和"4 厘米"，自动调节表格，如图 6-26 所示。

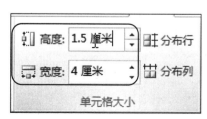

图 6-26　通过【单元格大小】组调整行高和列宽

(4) 选中表格，将鼠标指针移动至表格四周边框中，待鼠标指针变为形状时，按住鼠标左键不放拖动表格至幻灯片中的合适位置，释放鼠标，即可完成表格的移动，如图6-27所示。

图6-27　移动表格

(5) 在快速访问工具栏中单击【保存】按钮 ，保存【公司业绩考核报告】演示文稿。

提示

选择整个表格后，打开【表格工具】的【布局】选项卡，在【表格尺寸】组中的【宽度】和【高度】微调框中输入数值，可以快速改变表格的大小。

6.2.4　合并和拆分单元格

将两个或多个相邻的单元格合并为一个单元格叫做合并单元格，而将一个单元格拆分为两个或多个相邻的单元格叫做拆分单元格。在编辑单元格时，用户可以通过【表格工具】的【布局】选项卡的【合并】组来实现合并与拆分单元格操作。

1. 合并单元格

在幻灯片中选择需要合并的表格单元格，打开【布局】选项卡，在【合并】组中单击【合并单元格】按钮，即可快速合并单元格，如图6-28所示。

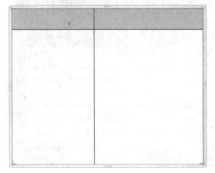
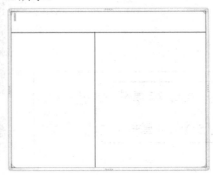

图6-28　合并单元格

2. 拆分单元格

在表格中选择拆分的单元格，打开【布局】选项卡，在【合并】组中单击【拆分单元格】按钮，打开【拆分单元格】对话框，在微调框中输入将拆分的行数与列数，单击【确定】按钮，即可实现单元格的拆分操作，如图 6-29 所示。

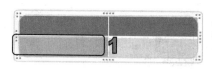

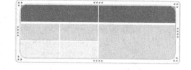

图 6-29 拆分单元格

⑥.3 美化表格

在 PowerPoint 2010 中，用户可以通过设置表格文本格式、设置表格对齐方式、设置表格的填充效果、应用表格样式等操作来美化表格的外观。

⑥.3.1 设置表格文本格式

设置表格文本格式是指设置表格中文本的字形、字号、字体及颜色、艺术字样式等。下面将以具体实例来介绍设置表格文本格式的方法。

【例 6-5】在【公司业绩考核报告】演示文稿中，设置表格文本格式。

(1) 启动 PowerPoint 2010 应用程序，打开【公司业绩考核报告】演示文稿。

(2) 在左侧的幻灯片预览窗格中选择第 2 张幻灯片缩略图，将其显示在幻灯片编辑窗口中。

(3) 选择表格中的第 2 行至第 8 行文本，打开【开始】选项卡，在【字体】组中，单击【字体】下拉按钮，从弹出的下拉列表中选择【隶书】选项，如图 6-30 所示。

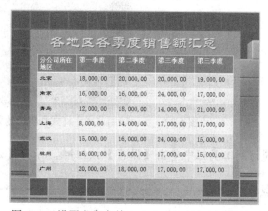

图 6-30 设置文本字体

(4) 选择表格中的第 2 行至第 8 行文本，在【开始】选项卡的【字体】组中，单击【字体颜色】下拉按钮，从弹出的颜色面板中选择【绿色】色块，为文本应用该颜色，如图 6-31 所示。

(5) 选择表格的第 1 行文本，打开【表格工具】的【设计】选项卡，在【艺术字样式】组中单击【快速样式】下拉按钮，从弹出的下拉列表中选择如图 6-32 所示的艺术字样式，为文本应用该艺术字样式。

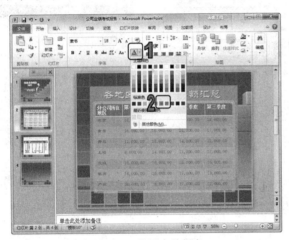
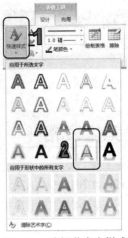

图 6-31　设置字体颜色　　　　　图 6-32　选择艺术字样式

(6) 在【艺术字样式】组中，单击【文本效果】按钮，从弹出的下拉列表菜单中选择【阴影】命令，在弹出的【透视】列表框中选择【右上对角透视】样式，为文本应用该阴影效果，如图 6-33 所示。

图 6-33　显示应用艺术字样式和阴影效果后的幻灯片

(7) 在快速访问工具栏中单击【保存】按钮，保存【公司业绩考核报告】演示文稿。

知识点

　　打开【表格工具】的【设计】选项卡，在【艺术字样式】组中，单击【文本填充】下拉按钮，从弹出的颜色面板中选择颜色，同样可以为艺术字文本设置字体颜色。

6.3.2 设置表格对齐方式

使用表格对齐方式,可以规范表格中的文本,使表格外观整齐。在表格中,文本默认是靠左上侧对齐。如果要设置对齐方式,可以通过打开【表格工具】的【布局】选项卡的【对齐方式】组,并单击其中的 6 个对齐按钮,即可完成操作。这 6 个对齐按钮的功能如表 6-1 所示。

表 6-1 对齐按钮的功能

按　　钮	名　　称	作　　用
≡	文本左对齐	将表格中的文本左对齐
≡	居中	将表格中的文本居中对齐
≡	文本右对齐	将表格中的文本右对齐
▭	顶端对齐	将表格中的文本顶端对齐
▭	垂直居中	将表格中的文本垂直居中对齐
▭	底端对齐	将表格中定位文本底端对齐

【例 6-6】在【公司业绩考核报告】演示文稿中,设置表格对齐方式。

(1) 启动 PowerPoint 2010 应用程序,打开【公司业绩考核报告】演示文稿。

(2) 在左侧的幻灯片预览窗格中选择第 2 张幻灯片缩略图,将其显示在幻灯片编辑窗口中。

(3) 选中表格的第 1 行,打开【表格工具】的【布局】选项卡,在【对齐方式】组中单击【居中】按钮和【垂直对齐】按钮,此时标题文本居中显示,如图 6-34 所示。

(4) 选中第 2 行至第 8 行文本,在【布局】选项卡的【对齐方式】组中,单击【垂直居中】按钮,此时所有选中的文本将以垂直居中对齐显示,如图 6-35 所示。

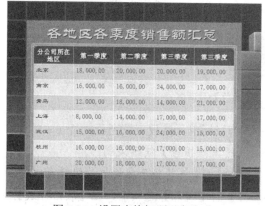

图 6-34 设置表格标题对齐方式

图 6-35 设置表格文本对齐方式

(5) 在快速访问工具栏中单击【保存】按钮 ,保存修改后的【公司业绩考核报告】演示文稿。

知识点

选择表格中的文本后，打开【表格工具】的【布局】选项卡，在【对齐方式】组中，单击【文字方向】下拉按钮，在弹出的菜单中选择对应文字方向，如横排、竖排、旋转 90° 或 270° 、堆积等，即可快速地应用系统预设的文字方向。若选择【其他选项】命令，打开【设置文本效果格式】对话框，在该对话框中同样可以设置表格的方向。

⑥.3.3　设置表格的填充效果

在 PowerPoint 2010 中，可以为表格设置纯色、渐变、纹理或图片等填充效果。下面将逐一介绍这些填充效果的设置方法。

1. 设置纯色填充

在 PowerPoint 2010 中，为了突出表格中的特殊数据，用户可以为单个单元格、单元格区域或整个表格设置不同的纯色填充色。选择目标单元格或整个表格后，打开【表格工具】的【设计】选项卡，在【表格样式】组中单击【底纹】下拉按钮 ，从弹出的如图 6-36 所示的颜色面板中选择一种颜色。若选择【其他填充颜色】命令，则可打开【颜色】对话框，在【标准】和【自定义】选项卡中可以自定义填充颜色，如图 6-37 所示。

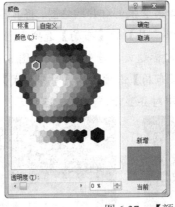

图 6-36　颜色面板　　　　　　　　　　图 6-37　【颜色】对话框

【例 6-7】在【公司业绩考核报告】演示文稿中，为目标单元格设置填充色。

(1) 启动 PowerPoint 2010 应用程序，打开【公司业绩考核报告】演示文稿。

(2) 在左侧的幻灯片预览窗格中选择第 2 张幻灯片缩略图，将其显示在幻灯片编辑窗口中。

(3) 选中第 8 行第 2 列的单元格，打开【表格工具】的【设计】选项卡，在【表格样式】组中单击【底纹】下拉按钮 ，在弹出的菜单中选择【其他填充颜色】命令，打开【颜色】对话框。

(4) 打开【标准】选项卡，选择如图 6-38 所示的色块，单击【确定】按钮，为选中的单元格应用填充色，效果如图 6-39 所示。

图 6-38 【标准】选项卡

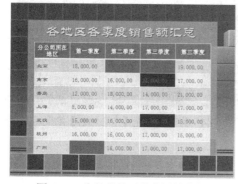

图 6-39 应用粉红填充色

(5) 参照步骤(3)与步骤(4)，为其他单元格设置填充色，效果如图 6-40 所示。

图 6-40 为其他单元格应用填充色

提示

在【标准】选项卡中，设置【透明色】为 100%，单击【确定】按钮，即可为单元格设置透明填充效果。

(6) 选中第 4 行第 5 列的单元格，在【表格样式】组中单击【底纹】下拉按钮，在弹出的菜单中选择【其他填充颜色】命令，打开【颜色】对话框。

(7) 打开【自定义】选择框，设置 RGB=(150，50，0)，单击【确定】按钮，如图 6-41 所示。

(8) 此时，将自动为选中的单元格填充自定义的颜色，效果如图 6-42 所示。

图 6-41 【自定义】选项卡

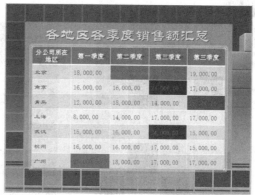

图 6-42 应用自定义填充色

2. 设置渐变填充

要设置渐变填充色，可以选择单元格区域或整个表格，打开【表格工具】的【设计】选项卡，在【表格样式】组中单击【底纹】下拉按钮 底纹▾，从弹出的菜单中选择【渐变】命令，然后在弹出的列表中选择一种样式即可，如图 6-43 所示。如图 6-44 所示的是为表格填充【中心辐射】渐变样式的效果。

图 6-43 【渐变】列表框　　　　　图 6-44 为表格填充【中心辐射】渐变

3. 设置纹理填充

要设置纹理填充色，选择单元格区域或整个表格，打开【表格工具】的【设计】选项卡，在【表格样式】组中单击【底纹】下拉按钮，从弹出的菜单中选择【纹理】命令，然后在弹出的列表中选择一种纹理样式即可，如图 6-45 所示。如图 6-46 所示的是为表格填充【信纸】纹理样式的效果。

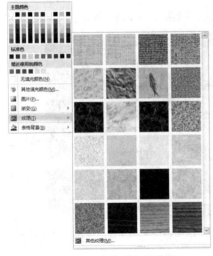

图 6-45 【纹理】列表框　　　　　图 6-46 为表格填充【信纸】纹理

4. 设置图片填充

选择单元格区域或整个表格，打开【表格工具】的【设计】选项卡，在【表格样式】组中单击【底纹】下拉按钮，从弹出的菜单中选择【图片】命令，打开【插入图片】对话框，选择一张图片，单击【插入】按钮，即可将图片设置单元格区域的填充效果。

【例6-8】在【公司业绩考核报告】演示文稿中，将图片设置为单元格的填充背景。

(1) 启动 PowerPoint 2010 应用程序，打开【公司业绩考核报告】演示文稿。

(2) 在左侧的幻灯片预览窗格中选择第2张幻灯片缩略图，将其显示在幻灯片编辑窗口中。

(3) 选择第2行至第8行的单元格，打开【表格工具】的【设计】选项卡，在【表格样式】组中单击【底纹】下拉按钮，在弹出的菜单中选择【图片】命令，打开【插入图片】对话框。

(4) 在对话框中选择一张图片，单击【插入】按钮，将其应用到目标单元格中，如图 6-47 所示。

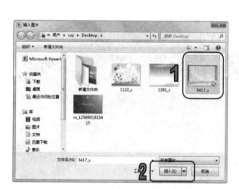
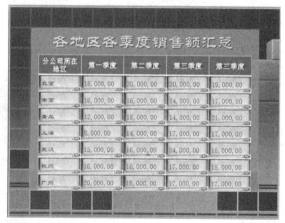

图6-47 将图片设置为单元格的填充背景

(5) 在快速访问工具栏中单击【保存】按钮，保存设置填充效果后的【公司业绩考核报告】演示文稿。

5. 自定义表格背景

在 PowerPoint 2010 中，用户可以根据设计需要，将图片自定义为表格的背景，使其符合幻灯片整体设计的需求。

【例6-9】在【公司业绩考核报告】演示文稿中，自定义表格背景。

(1) 启动 PowerPoint 2010 应用程序，打开【公司业绩考核报告】演示文稿。

(2) 在左侧的幻灯片预览窗格中选择第2张幻灯片缩略图，将其显示在幻灯片编辑窗口中。

(3) 选中整个表格，打开【表格工具】的【设计】选项卡，在【表格样式】组中单击【底纹】下拉按钮，从弹出的菜单中选择【无填充颜色】命令，为表格设置无填充颜色，如图6-48 所示。

(4) 在【表格样式】组中单击【底纹】下拉按钮，从弹出的菜单中选择【表格背景】|【图片】命令，如图6-49所示。

中文版 **PowerPoint 2010** 幻灯片制作实用教程

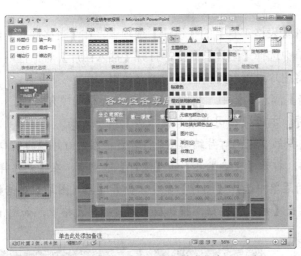

图 6-48　设置表格无填充颜色

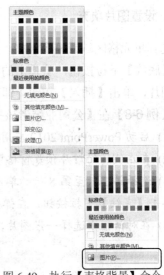

图 6-49　执行【表格背景】命令

(5) 打开【插入图片】对话框，选择一张图片，如图 6-50 所示。

(6) 单击【插入】按钮，即可将图片自定义为整个表格背景，效果如图 6-51 所示。

图 6-50　选择作为表格背景的图片

图 6-51　显示自定义表格背景后的幻灯片

(7) 在快速访问工具栏中单击【保存】按钮，保存自定义表格背景后的【公司业绩考核报告】演示文稿。

⑥.3.4　应用表格样式

如果用户希望表格更加美观、更加符合整个演示文稿的风格，那么可以套用 PowerPoint 2010 内置的表格样式，从而快速改变表格的外观。

应用表格样式的方法很简单，选中整个表格，打开【表格工具】的【设计】选项卡，在【表格样式】组中单击【其他】按钮，从弹出的下拉列表中选择一种内置的表格样式，如选择【深色样式 1-强调 5】选项，即可为表格自动套用该样式，效果如图 6-52 所示。

计算机基础与实训教材系列

-166-

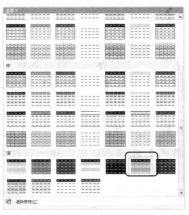
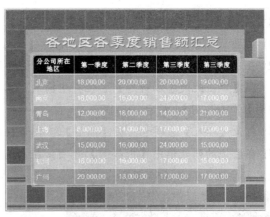

图 6-52 自动套用表格样式

 知识点

当用户不满足于当前提供的内置表格样式，可以在【表格样式】组中单击【底纹】按钮、【边框】按钮和【效果】按钮，对其进行自定义设置。

⑥.4 创建图表

与文字数据相比，形象直观的图表更容易让人理解，它以简单易懂的方式反映了各种数据关系。PowerPoint 附带了一种 Microsoft Graph 的图表生成工具，它能提供各种不同的图表来满足用户的需要，使得创建图表的过程简便而且自动化。

⑥.4.1 插入图表

打开【插入】选项卡，在【插图】组中单击【图表】按钮，打开【插入图表】对话框，如图 6-53 所示，该对话框中提供了 11 类 70 多种图表类型，每种类型可以分别用来表示不同的数据关系。

图 6-53 【插入图表】对话框

 提示

打开【插入】选项卡，在【文本】组中单击【对象】按钮，在打开的【插入对象】对话框中选择【Microsoft Excel 图表】选项，单击【插入】按钮，即可自动插入 Excel 图表。

【例 6-10】在【公司业绩考核报告】演示文稿中插入图表。

(1) 启动 PowerPoint 2010 应用程序，打开【公司业绩考核报告】演示文稿。

(2) 在左侧的幻灯片预览窗格中选择第 4 张幻灯片缩略图，将其显示在幻灯片编辑窗口中。

(3) 在【单击此处添加标题】占位符中输入文本，设置其字体为【华文新魏】，字体效果为【阴影】，如图 6-54 所示。

(4) 打开【插入】选项卡，在【插图】组中单击【图表】按钮，打开【插入图表】对话框。

(5) 在左侧的列表框中【折线图】选项，在右侧【折线图】选项区域中选择一种样式，单击【确定】按钮，如图 6-55 所示。

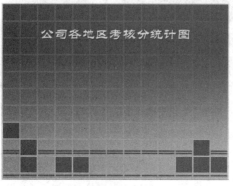

图 6-54 设置第 4 张幻灯片标题文本

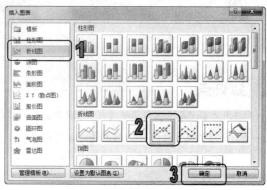

图 6-55 选择一种折线图

✍ **知识点**

在文本占位符中单击【图表】按钮 ，同样可以打开【插入图表】对话框。

(6) 即可在幻灯片中插入图表，此时系统启动 Excel 2010 显示图表反映的数据，如图 6-56 所示。

(7) 在 Excel 2010 中输入需要在图表中表现的数据，拖动蓝色框线调节显示区域，如图 6-57 所示。

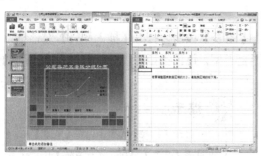

图 6-56 插入图表和显示工作表

图 6-57 在工作表中编辑数据

(8) 返回到幻灯片编辑窗口，可以看到编辑数据后的图表，如图 6-58 所示。

(9) 在快速访问工具栏中单击【保存】按钮 📄，保存插入图表后的【公司业绩考核报告】演示文稿。

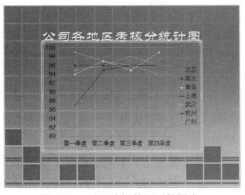

图 6-58　显示编辑数据后的图表

计算机 基础与实训教材系列

> **提示**
>
> 图表是由图标区域及区域中的元素组成, 其元素主要包括标题、垂直(值)轴、水平(分类)轴、书籍系列等对象。图表中的每个数据点都与工作表的单元格数据相对应, 而图例则显示了图表数据的种类与对应的颜色。

6.4.2　更改图表位置和大小

在幻灯片中创建完图表后, 用户可以通过更改图表的位置和大小, 使其符合幻灯片大小。下面以具体实例来介绍其方法。

【例6-11】在【公司业绩考核报告】演示文稿中, 更改图表的位置和大小。

(1) 启动 PowerPoint 2010 应用程序, 打开【公司业绩考核报告】演示文稿。

(2) 在左侧的幻灯片预览窗格中选择第 4 张幻灯片缩略图, 将其显示在幻灯片编辑窗口中。

(3) 打开【图表工具】的【格式】选项卡, 在【大小】组中的【高度】和【宽度】微调框中输入"12 厘米"和"20 厘米", 按 Enter 键, 完成图表大小的设置操作, 效果如图 6-59 所示。

(4) 选中图表, 将光标移至图表边框或图表空白处, 当其变为四向箭头时, 拖动鼠标到合适的位置后, 释放鼠标, 即可更改图表位置, 效果如图 6-60 所示。

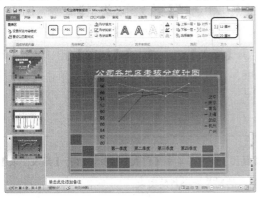

图 6-59　更改图表的大小

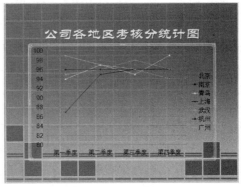

图 6-60　更改图表的位置

> **知识点**
>
> 选中图表, 将光标移至图表边框的控制点上, 当其变为双向箭头时, 拖动鼠标同样可以调节图表大小。

(5) 在快速访问工具栏中单击【保存】按钮🖫，保存【公司业绩考核报告】演示文稿。

⑥.4.3 更改图表类型

如果创建图表后发现选择的图表并不能直观地反映数据，可以将其更改为另一种更合适的类型。用户可以使用以下 3 种方法实现图表类型的更改。

- ◉ 通过【图表工具】的【设计】选项卡更改：打开【图表工具】的【设计】选项卡，在【类型】组中单击【更改图表类型】按钮，打开【更改图表类型】对话框，在其中选择一种图表类型，单击【确定】按钮即可，如图 6-61 所示。

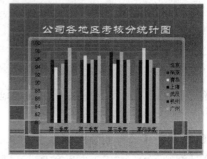

图 6-61 更改图表的类型

💡 提示

用户还可以对图表数据进行各种操作，以满足对图表数据的最终要求。打开【图表工具】的【设计】选项卡，在【数据】组中单击【编辑数据】按钮，启动 Excel 2010 应用程序并打开工作表，在其中修改数据。

- ◉ 通过右击更改：右击图表，在弹出的快捷菜单中选择【更改图表类型】命令，同样打开【更改图表类型】对话框，在其中选择一种图表类型，单击【确定】按钮即可。
- ◉ 通过【插入】选项卡更改：选中图表，打开【插入】选项卡，在【插图】组中单击【图表】按钮，打开【更改图表类型】对话框，在其中选择一种图表类型，单击【确定】按钮即可。

📖 知识点

在没有选中图表的情况下，在【插入】选项卡的【插图】组中，单击【图表】按钮，打开【插入图表】对话框，选择一种图表类型后，单击【确定】按钮，插入的则是一个新的图表。

⑥.5 美化图表

完成图表的基本编辑操作后，如果图表的整体效果不够美观，用户还可以通过设置图表样式、图表布局、图表背景颜色等操作来美化图表。

⑥.5.1 设置图表样式

和表格一样，PowerPoint 同样为图表提供了图表样式，图表样式可以使一个图表应用不同的颜色方案、阴影样式、边框格式等。在幻灯片中选中插入的图表，将显示【图表工具】的【设计】选项卡，在【图表样式】组中单击 按钮，弹出如图 6-62 所示的快速样式选择列表，用户可以在该列表中选择需要的样式即可。如图 6-63 所示的是应用【样式 35】图表样式后的幻灯片效果。

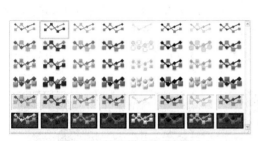

图 6-62 快速样式选择列表

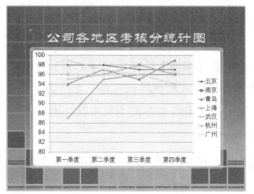

图 6-63 应用图表样式

⑥.5.2 设置图表布局

设置图表布局是指设置图表标题、图例、数据标签、数据表等元素的显示方式，用户可以在【图表工具】的【布局】选项卡中进行设置，如图 6-64 所示。

图 6-64 【布局】选项卡

【例 6-12】在【公司业绩考核报告】演示文稿中，设置图表布局，并为图表添加分析线。

(1) 启动 PowerPoint 2010 应用程序，打开【公司业绩考核报告】演示文稿。

(2) 在左侧的幻灯片预览窗格中选择第 4 张幻灯片缩略图，将其显示在幻灯片编辑窗口中。

(3) 打开【图表工具】的【布局】选项卡，在【标签】组中单击【图表标题】按钮，在弹出的菜单中选择【图表上方】命令，为图表添加标题，如图 6-65 所示。

(4) 更改【图表标题】文本框中的文本，设置字体为【楷体】，字号为 24，字体颜色为【浅绿】，效果如图 6-66 所示。

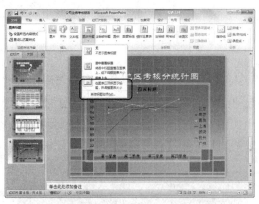

图 6-65　添加图表标题

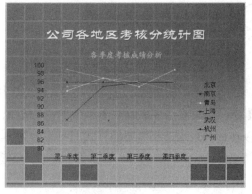

图 6-66　修改图表标题

(5) 在【布局】选项卡的【标签】组中单击【数据标签】按钮，在弹出的菜单中选择【居中】命令，即可将数据标签显示在数据点上，如图 6-67 所示。

(6) 设置数据标签文本框中数据的字号为 9，字体颜色为【红色】，此时图表中文字效果如图 6-68 所示。

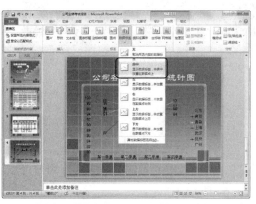

图 6-67　添加数据标签

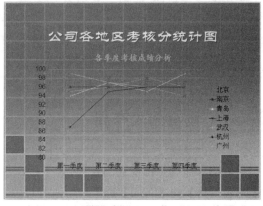

图 6-68　设置数据标签中的数据格式

知识点

　　要设置纵坐标的刻度值，可以双击纵坐标区域，打开【设置坐标值格式】对话框的【坐标值选项】选项卡，在【坐标值选项】选项区域的【最小值】、【最大值】、【主要刻度单位】和【次要刻度单位】选项中选中【固定】选项，并设置其固定值。

(7) 在【布局】选项卡的【标签】组中单击【模拟运算表】按钮，在弹出的菜单中选择【显示模拟运算表】命令，如图 6-69 所示。

(8) 此时，即可在图表中添加模拟运算表，设置其字号为 9，字体颜色为【深绿】。

(9) 使用同样的方法，设置纵坐标和图例中的数据和文本的字号为 9，字体颜色为【深绿】，效果如图 6-70 所示。

图 6-69 选择【显示模拟运算表】命令

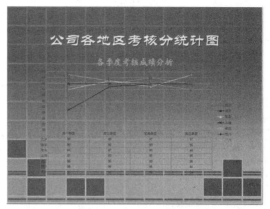

图 6-70 设置文本和数据格式

(10) 在【布局】选项卡的【分析】组中单击【折线】按钮，在弹出的菜单中选择【高低点连线】命令，为图表添加分析线，如图 6-71 所示。

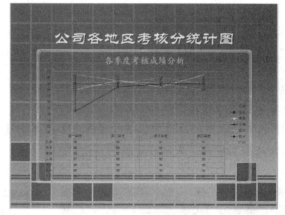

图 6-71 添加分析线

(11) 在快速访问工具栏中单击【保存】按钮 ，保存布局好的【公司业绩考核报告】演示文稿。

6.5.3 设置图表背景

图表的默认背景是透明色，用户可以根据自己的需求设置图表背景。下面以具体实例来介绍设置图表背景的方法。

【例 6-13】在【公司业绩考核报告】演示文稿中，设置图表背景。

(1) 启动 PowerPoint 2010 应用程序，打开【公司业绩考核报告】演示文稿。

(2) 在左侧的幻灯片预览窗格中选择第 4 张幻灯片缩略图，将其显示在幻灯片编辑窗口中。

(3) 选中图表，右击图表区空白处，在弹出的快捷菜单中选择【设置图表区域格式】命令，打开【设置图表区格式】对话框。

计算机 基础与实训教材系列

(4) 打开【填充】选项卡，选中【图片或纹理填充】单选按钮，单击【文件】按钮，如图 6-72 所示。

(5) 打开【插入图片】对话框，选择一张作为图表背景的图片，单击【插入】按钮，如图 6-73 所示。

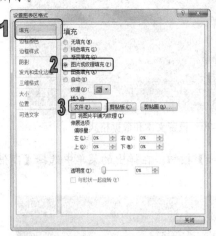
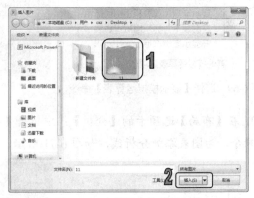

图 6-72 【设置图表区格式】对话框   图 6-73 选择图表的背景图片

(6) 返回至【设置图表区格式】对话框，单击【关闭】按钮，返回幻灯片编辑窗口，此时可以查看图表区的背景色效果，如图 6-74 所示。

(7) 选中图表中的分析线，打开【图表工具】的【格式】选项卡，在【形状样式】组中单击【形状轮廓】按钮，从弹出的颜色面板中选择【黄色】色块，为图表分析线设置颜色，效果如图 6-75 所示。

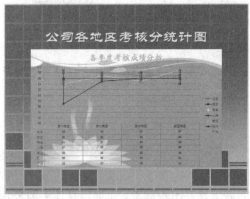
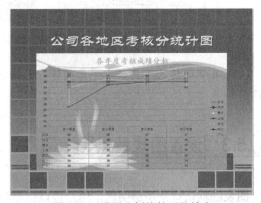

图 6-74 显示图表背景效果   图 6-75 设置分析线的形状轮廓

 提示

> 若要改变图表绘图区的背景色，可以右击绘图区，在弹出的快捷菜单中选择【设置绘图区格式】命令，打开【设置绘图区格式】对话框，在该对话框的【填充】选项卡中同样可以为绘图区设置背景色，方法类似于图表背景色的设置。

(8) 在快速访问工具栏中单击【保存】按钮，保存设置后的【公司业绩考核报告】演示文稿。

6.6 上机练习

本章的上机练习综合应用 PowerPoint 2010 提供的表格和图表功能，设计一个名为"基金投资分析"的商务演示文稿。

(1) 启动 PowerPoint 2010 应用程序，打开一个空白演示文稿。单击【文件】按钮，在弹出的【文件】菜单中选择【新建】命令，并在中间的窗格中选择【我的模板】选项。

(2) 打开【新建演示文稿】对话框，选择【模板 14】选项，单击【确定】按钮，如图 6-76 所示。

(3) 此时，即可新建一个基于模板的新演示文稿，将其以"基金投资分析"为名保存，如图 6-77 所示。

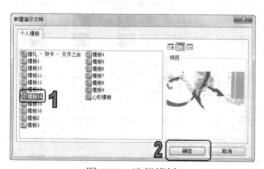

图 6-76 选择模板

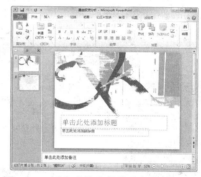

图 6-77 创建【基金投资分析】演示文稿

(4) 在【单击此处添加标题】文本占位符中输入文字"巨仁股份有限公司"，设置其字体为【华文琥珀】，字体为 54，字形为【加粗】，字体效果为【阴影】；在【单击此处添加副标题】文本占位符中输入文字，设置其对齐方式为【右对齐】，效果如图 6-78 所示。

(5) 在幻灯片预览窗口中选择第 2 张幻灯片缩略图，将其显示在幻灯片编辑窗口中。

(6) 在【单击此处添加标题】文本占位符中输入标题文字，设置文字字体为【华文隶书】、字形为【加粗】，对齐方式为【居中】；选中【单击此处添加文本】文本占位符，按下 Delete 键将其删除。

(7) 打开【插入】选项卡，单击【表格】按钮，在打开菜单的网格框内拖动鼠标左键，创建一个 7×3 的表格，并将其拖动到幻灯片的适当位置，如图 6-79 所示。

(8) 在单元格内单击，当出现闪烁的光标时输入文字。选中表格第 1 行，设置该行中文字的字号为 24；选中表格第 2~3 行，设置文字字号为 20。

(9) 选中表格，打开【表格工具】的【布局】选项卡，在【表格尺寸】组的【高度】和【宽度】文本框中输入"6 厘米"和"20 厘米"，自动调节表格的大小。

图 6-78　第 1 张幻灯片标题和副标题效果

图 6-79　设置表格大小和位置

(10) 在【布局】选项卡的【对齐方式】组中，单击【居中】按钮▦和【垂直居中】按钮▤，设置表格中文字的对齐方式，效果如图 6-80 所示。

(11) 选中表格，打开【表格工具】的【设计】选项卡，在【表格样式】组中单击【其他】按钮▦，从弹出的列表框中选择如图 6-81 所示的样式。

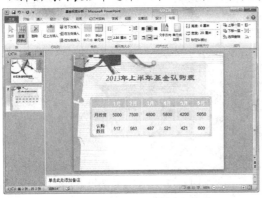

图 6-80　设置表格文本对齐方式

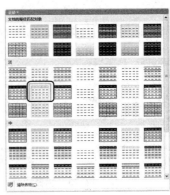

图 6-81　选择表格样式

(12) 此时，即可自动为表格应用表格样式，效果如图 6-82 所示。

(13) 打开【开始】选项卡，在【幻灯片】组中单击【新建幻灯片】按钮，即可添加一张新幻灯片，如图 6-83 所示。

图 6-82　应用表格样式后的幻灯片效果

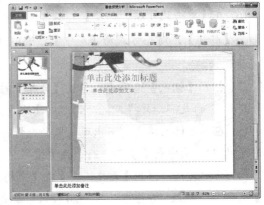

图 6-83　添加新幻灯片

(14) 在【单击此处添加标题】文本占位符中输入标题文字，设置文字字体为【华文隶书】、字形为【加粗】，对齐方式为【居中】，并删除【单击此处添加文本】文本占位符，如图 6-84 所示。

(15) 打开【插入】选项卡，单击【插图】组中的【图表】按钮，打开【插入图表】对话框，在【柱形图】选项列表中选择【簇状柱形图】选项，单击【确定】按钮，如图 6-85 所示。

图 6-84　输入和设置标题文本

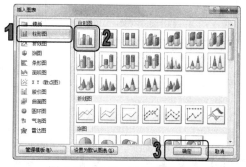

图 6-85　选择一种柱形图

(16) 此时，系统将自动打开 Excel 应用程序，在 Excel 表格中输入如图 6-86 所示的数据。

(17) 关闭 Excel 应用程序，此时幻灯片中出现插入的柱形图，拖动鼠标调节图片的位置和大小，如图 6-87 所示。

图 6-86　在 Excel 表中输入数据

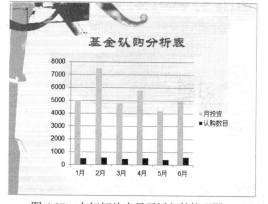

图 6-87　在幻灯片中显示插入的柱形图

(18) 选中图表，打开【图表工具】的【布局】选项卡，在【标签】组中单击【模拟运算表】按钮，从弹出的菜单中选择【显示模拟运算表和图例项标示】命令，为图表添加显示模拟运算表和图例项标示，如图 6-88 所示。

(19) 选中图表，打开【图表工具】的【设计】选项卡，在【图表样式】组中单击▼按钮，在弹出的列表框中选择一种图表样式，为图表应用该图表演示，如图 6-89 所示。

(20) 在快速访问工具栏中单击【保存】按钮■，保存设置后的【基金投资分析】演示文稿。

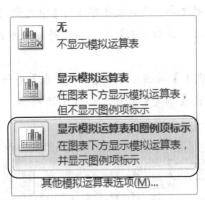

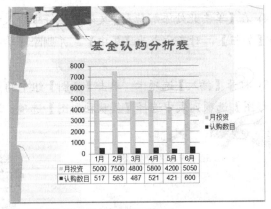

图 6-88　为图表添加显示模拟运算表和图例项标示

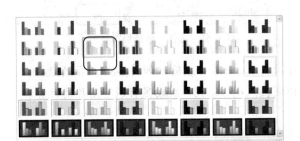

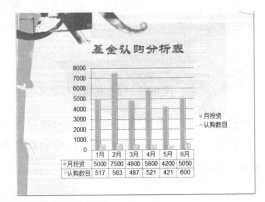

图 6-89　为图表设置格式后的幻灯片效果

6.7　习题

1. 在幻灯片中插入如图 6-90 所示的表格，为表格设置单元格凹凸硬边缘效果。
2. 在幻灯片中插入如图 6-91 所示的图表，为饼图应用【样式 26】图表样式。

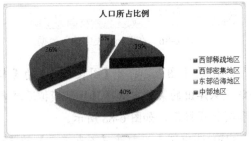

图 6-90　习题 1　　　　　　　　图 6-91　习题 2

第7章

PowerPoint 的多媒体应用

学习目标

在 PowerPoint 2010 中可以方便地插入视频和音频等多媒体对象,使用户的演示文稿从画面到声音,多方位地向观众传递信息。本章主要介绍在幻灯片中插入声音和影片等的方法,以及对插入的这些多媒体对象设置控制参数的方法。

本章重点

- 在幻灯片中插入声音
- 控制声音效果
- 在幻灯片中插入影片
- 设置影片效果

7.1 在幻灯片中插入声音

声音是制作多媒体幻灯片的基本要素。在制作幻灯片时,用户可以根据需要插入声音,从而向观众增加传递信息的通道,增强演示文稿的感染力。插入声音文件时,需要考虑到演讲效果,不能因为插入的声音影响演讲及观众的收听。

7.1.1 插入剪辑中的音频

剪贴管理器中提供系统自带的几种声音文件,可以像插入图片一样将剪辑管理器中的声音插入演示文稿中。

打开【插入】选项卡,在【媒体】组中单击【音频】按钮下方的下拉箭头,在弹出的下拉菜单中选择【剪辑画音频】命令,此时 PowerPoint 将自动打开【剪贴画】窗格,该窗格显示了剪辑中所有的声音，如图 7-1 所示。

在【搜索文字】文本框中输入文本，并在【结果类型】下拉列表中设置类型，单击【搜索】按钮，搜索剪贴画音频。在下方的选择搜索结果列表框中单击要插入的音频，即可将其插入到幻灯片中。插入声音后，PowerPoint 会自动在当前幻灯片中显示声音图标。

将鼠标指针移动或定位到声音图标后，自动弹出如图 7-2 所示的浮动控制条，单击【播放】按钮，即可试听声音。

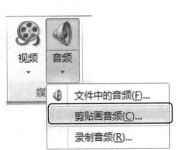

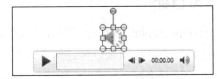

图 7-1　打开【剪贴画】窗格中的音频　　　图 7-2　选中插入的声音图标

7.1.2　插入计算机中的声音文件

PowerPoint 2010 允许用户为演示文稿插入多种类型的声音文件，包括各种采集的模拟声音和数字音频。表 7-1 列出了一些常用的音频类型。

表 7-1　音频类型介绍及说明

音频格式	说　　明
AAC	ADTS Audio，Audio Data Transport Stream(用于网络传输的音频数据)
AIFF	音频交换文件格式
AU	UNIX 系统下波形声音文档
MIDI	乐器数字接口数据，一种乐谱文件
MP3	动态影像专家组制定的第三代音频标准，也是互联网中最常用的音频标准
MP4	动态影像专家组制定的第四代视频压缩标准
WAV	Windows 波形声音
WMA	Windows Media Audio，支持证书加密和版权管理的 Windows 媒体音频
AAC	ADTS Audio，Audio Data Transport Stream(用于网络传输的音频数据)

从文件中插入声音时，需要在【音频】下拉菜单中选择【文件中的音频】命令，打开如图 7-3 所示的【插入音频】对话框，在该对话框中选择需要插入的声音文件。

图 7-3　【插入音频】对话框

【例 7-1】创建【计算机模拟航行】演示文稿，在幻灯片中插入来自文件的声音。

(1) 启动 PowerPoint 2010 应用程序，打开一个空白演示文稿。

(2) 单击【文件】按钮，从弹出的【文件】菜单中选择【新建】命令，并在中间的窗格中选择【我的模板】选项。

(3) 打开【新建演示文稿】对话框，选择【模板 15】选项，单击【确定】按钮，如图 7-4 所示。

(4) 此时，新建一个基于模板的演示文稿，并将其以"计算机模拟航行"为名保存，如图 7-5 所示。

图 7-4　选择模板

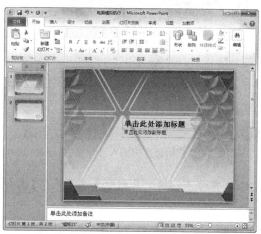

图 7-5　创建【计算机模拟航行】演示文稿

(5) 在【单击此处添加标题】文本占位符中输入文字"从虚拟到现实的突飞猛进"，设置其字体为【华文琥珀】，字号为 60，字体效果为【阴影】；在【单击此处添加副标题】文本占位符中输入文字"——计算机模拟航行"，设置其字体为【黑体】，字号为 32，字形为【加粗】，如图 7-6 所示。

(6) 打开【插入】选项卡，在【媒体】组中单击【音频】下拉按钮，在弹出的命令列表中选择【文件中的音频】命令，打开【插入声音】对话框，选择一个音频文件，单击【插入】按钮，如图 7-7 所示。

图 7-6 设置标题和副标题占位符

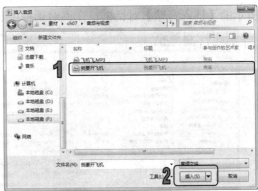

图 7-7 选择音频文件

(7) 此时，幻灯片中将出现声音图标，使用鼠标拖动法调节其到合适的位置，效果如图 7-8 所示。

(8) 在幻灯片预览窗格中选择第 2 张幻灯片缩略图，将其显示在幻灯片编辑窗口中。

(9) 在【单击此处添加标题】文本占位符中输入文本，设置其字体为【华文琥珀】，字号为 48；在【单击此处添加文本】占位符中输入文本，调节占位符大小，效果如图 7-9 所示。

图 7-8 在幻灯片中插入音频文件

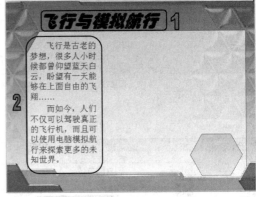

图 7-9 设置第 2 张幻灯片文本

(10) 在快速访问工具栏中单击【保存】按钮，保存创建的【计算机模拟航行】演示文稿。

7.1.3 为幻灯片配音

在演示文稿中不仅可以插入既有的各种声音文件，还可以现场录制声音(即配音)，如为幻灯片配解说词等。这样，在放映演示文稿时，制作者不必亲临现场也可以很好地将自己的观点表达出来。

使用 PowerPoint 2010 提供的录制声音功能，可以将自己的声音插入到幻灯片中。打开【插入】选项卡，在【媒体】组中单击【声音】按钮下方的下拉箭头，从弹出的下拉菜单中选择【录制音频】命令，打开【录音】对话框，如图 7-10 所示。

图 7-10　【录音】对话框

知识点
在【名称】文本框可以为录制的声音设置一个名称，在【声音总长度】后面可以显示录制的声音长度。

准备好麦克风后，在【名称】文本框中输入该段录音的名称，然后单击【录音】按钮 ，即可开始录音。

单击【停止】按钮 ，可以结束该次录音；单击【播放】按钮 ，可以回放录制完毕的声音；单击【确定】按钮，可以将录制完毕的声音插入到当前幻灯片中。

提示
要正常录制声音，电脑中必须要配备有声卡和麦克风。当插入录制的声音后，PowerPoint 将在当前幻灯片中自动创建一个声音图标 。

.2　控制声音效果

PowerPoint 不仅允许用户为演示文稿插入音频，还允许用户控制声音播放，并设置音频的各种属性。

7.2.1　试听声音播放效果

用户可以在设计演示文稿时，试听插入的声音。选中插入的音频，此时自动打开浮动控制条，单击【播放】按钮 ，即可试听声音播放效果。浮动控制条效果如图 7-11 所示。

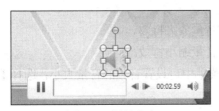

图 7-11　播放声音

知识点
除了通过浮动控制条播放音频外，用户还可以打开【音频工具】的【播放】选项卡，在【预览】组中单击【播放】按钮，即可播放插入的音频。

单击浮动控制条中的各个按钮，以控制音频的播放。各按钮的功能如下所示。

- ◉ 【播放】按钮：用于播放声音。
- ◉ 【向后移动】按钮：可以将声音倒退 0.25 秒。
- ◉ 【向前移动】按钮：可以将声音快进 0.25 秒。
- ◉ 【音量】按钮：用于音量控制。当单击该按钮时，会弹出音量滑块，向上拖动滑块为放大音量，向下拖动滑块为缩小音量。
- ◉ 【播放/暂停】按钮：用于暂停播放声音。

⑦.2.2 设置声音属性

在幻灯片中选中声音图标，功能区将出现【音频工具】的【播放】选项卡，如图 7-12 所示。

图 7-12 【音频工具】的【播放】选项卡

该选项卡中各选项的含义如下。

- ◉ 【播放】按钮：单击该按钮，可以试听声音效果，再次单击该按钮即可停止收听。
- ◉ 【添加书签】按钮：单击该按钮，可以在音频剪辑中的当前时间添加书签。
- ◉ 【剪裁音频】按钮：单击该按钮，打开【剪裁音频】对话框，如图 7-13 所示，在其中可以手动拖动进度条中的绿色滑块，调节剪裁的开始时间，同时也可以调节红色滑块，修改剪裁的结束时间。

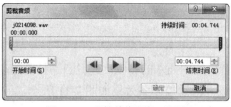

图 7-13 【剪裁音频】对话框

 提示

在【音频工具】的【格式】选项卡中可以设置声音图标的外观，以及排列和调整声音图标。这些操作类似于设置图形对象的格式，在此不做详细介绍。

- ◉ 【淡入】微调框：为音频添加开始播放时的音量放大特效。
- ◉ 【淡出】微调框：为音频添加停止播放时的音量缩小特效。
- ◉ 【音量】按钮：单击该按钮，从弹出的下拉菜单中可设置音频的音量大小；选择【静音】选项，则关闭声音。
- ◉ 【放映时隐藏】复选框：选中该复选框，在放映幻灯片的过程中将自动隐藏表示声音的图标。

- ⊙ 【循环播放，直到停止】复选框：选中该复选框，在放映幻灯片的过程中，音频会自动循环播放，直到放映下一张幻灯片或停止放映为止。

- ⊙ 【开始】下拉列表框：该列表框中包含【自动】、【在单击时】和【跨幻灯片播放】3 个选项。当选择【跨幻灯片播放】选项时，则该声音文件不仅在插入的幻灯片中有效，而且在演示文稿的所有幻灯片中均有效。

- ⊙ 【播完返回开头】复选框：选中该复选框，可以设置音频播放完毕后自动返回幻灯片开头。

【例 7-2】在【计算机模拟航行】演示文稿中，设置声音的属性。

(1) 启动 PowerPoint 2010 应用程序，打开【计算机模拟航行】演示文稿。

(2) 在打开的第 1 张幻灯片编辑窗口中，选中声音图标🔊，打开【音频工具】的【播放】选项卡，在【编辑】组中单击【剪裁音频】按钮，打开【剪裁音频】对话框。

(3) 向右拖动左侧的绿色滑块，调节剪裁的开始时间为 01:40:040；向左拖动右侧的红色滑块，调节剪裁的结束时间为 02:31:490，如图 7-14 所示。

(4) 单击【播放】按钮▶，试听剪裁后的声音，确定剪裁内容，如图 7-15 所示。

(5) 单击【确定】按钮，即可完成剪裁工作，自动将剪裁过的音频文件插入到演示文稿中。

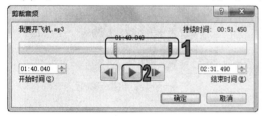

图 7-14 裁剪音频

图 7-15 试听剪裁后的声音

(6) 选中剪裁的音频，在【播放】选项卡的【编辑】组中，设置【淡入】值为 05.00，【淡出】值为 03.00，如图 7-16 所示。

(7) 在【播放】选项卡的【音频选项】组中，单击【音量】按钮，在弹出的菜单中选择【低】选项，在【音频选项】组中的【开始】下拉列表中选择【自动】选项，设置音频播放音量和播放方式，如图 7-17 所示。

图 7-16 设置淡化持续时间

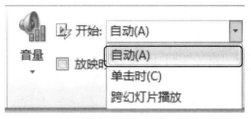

图 7-17 设置音频播放音量和播放方式

(8) 在【预览】组中单击【播放】按钮，即可开始收听裁剪后的音频，此时音频在幻灯片中播放效果如图 7-18 所示。

(9) 右击选中的音频图标，在弹出的快捷菜单中选择【设置音频格式】命令，如图 7-19 所示。

图 7-18 音频在幻灯片中播放效果

图 7-19 选择【设置音频格式】命令

(10) 打开【设置音频格式】对话框的【图片更正】选项卡，单击【预设】按钮，在弹出的列表框中选择【亮度:+40% 对比度:-20%】样式，如图 7-20 所示。

(11) 单击【关闭】按钮，关闭对话框，返回至幻灯片编辑窗口，显示设置后的音频图标，效果如图 7-21 所示。

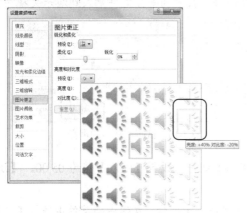

图 7-20 【设置音频格式】对话框

图 7-21 调节图片亮度和对比度后的音频图标

(12) 在快速访问工具栏中单击【保存】按钮 🖫，保存设置声音属性后的【计算机模拟航行】演示文稿。

⑦.3 在幻灯片中插入影片

PowerPoint 中的影片包括视频和动画。用户可以在幻灯片中插入的视频格式有十几种，而插入的动画则主要是 GIF 动画。PowerPoint 支持的影片格式会随着媒体播放器的不同而有所不同。在 PowerPoint 中插入视频及动画的方式主要有从剪辑管理器插入、从文件插入和从网站插入 3 种。本节将详细介绍这 3 种插入影片的方法。

7.3.1　插入剪辑管理器中的影片

打开【插入】选项卡，在【媒体】组中单击【视频】按钮下方的箭头，在弹出的菜单中选择【剪贴画视频】命令，此时 PowerPoint 将自动打开【剪贴画】窗格，该窗格显示了剪辑管理器中所有的影片，如图 7-22 所示。

图 7-22　打开【剪贴画】窗格中的影片

> **提示**
>
> 剪辑管理器将 GIF 动画归类为影片，在【结果类型】下拉列表中选择文件类型。

【例 7-3】在【计算机模拟航行】演示文稿中，插入剪辑影片。

(1) 启动 PowerPoint 2010 应用程序，打开【计算机模拟航行】演示文稿。

(2) 自动打开第 1 张幻灯片，打开【插入】选项卡，在【媒体】组中单击【视频】下拉按钮，在弹出的下拉菜单中选择【剪贴画视频】命令，打开【剪贴画】任务窗格。

(3) 在【搜索文字】文本框中输入"飞机"，单击【搜索】按钮，然后在搜索结果列表框中单击要插入的剪辑影片，将其添加到幻灯片中，如图 7-23 所示。

(4) 被添加的影片剪辑周围将出现 8 个白色控制点，使用鼠标拖动法调节其大小和位置，效果如图 7-24 所示。

图 7-23　选择一张【飞机】剪辑影片　　　　图 7-24　调节剪辑的大小和位置

(5) 在幻灯片预览窗格中选择第 2 张幻灯片缩略图，将其显示在幻灯片编辑窗口中。

(6) 使用同样的方法，在第 2 张幻灯片中插入一个有关"计算机"的剪辑影片，效果如图 7-25 所示。

图 7-25　插入一张【计算机】剪辑影片

(7) 在快速访问工具栏中单击【保存】按钮，保存【计算机模拟航行】演示文稿。

⑦.3.2　插入计算机中的视频文件

很多情况下，PowerPoint 剪辑库中提供的影片并不能满足用户的需要，这时可以选择插入来自文件中的视频文档。

PowerPoint 支持多种类型的视频文档格式，允许用户将绝大多数视频文档插入到演示文稿中。常见的 PowerPoint 视频格式如表 7-2 所示。

表 7-2　视频格式说明

音频格式	说　　明
ASF	高级流媒体格式，微软开发的视频格式
AVI	Windows 视频音频交互格式
QT,MOV	QuickTime 视频格式
MP4	第 4 代动态图像专家格式
MPEG	动态图像专家格式
MP2	第 2 代动态图像专家格式
WMV	Windows 媒体视频格式

插入计算机中保存的影片由两种方法：一是通过【插入】选项卡的【媒体】组插入，二是通过单击占位符中的【插入媒体剪辑】按钮插入。但无论采用哪种方法，都将打开【插入影片】对话框，像选择声音文件一样，即可将所需的影片插入到演示文稿中。

【例 7-4】在【计算机模拟航行】演示文稿中，插入计算机中的视频文件。

(1) 启动 PowerPoint 2010 应用程序，打开【计算机模拟航行】演示文稿。

(2) 在幻灯片预览窗格中选择第 2 张幻灯片缩略图，将其显示在幻灯片编辑窗口中。

(3) 打开【插入】选项卡，在【媒体】组单击【视频】下拉按钮，从弹出的下拉菜单中选择【文件中的视频】命令，打开【插入视频文件】对话框，打开文件的保存路径，选择视频文件，单击【插入】按钮，如图 7-26 所示。

图 7-26　打开【插入视频文件】对话框

(4) 此时，幻灯片中显示插入的影片文件，然后调整其位置和大小，效果如图 7-27 所示。

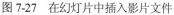

图 7-27　在幻灯片中插入影片文件

提示

在 PowerPoint 中插入的影片都是以链接方式插入的，如果要在另一台计算机上播放该演示文稿，则必须在复制该演示文稿的同时复制它所链接的影片文件。

(5) 打开【开始】选项卡，在【幻灯片】组中单击【新建幻灯片】下拉按钮，在弹出的列表中选择【空白】选项，此时即可在演示文稿中新建一张空白幻灯片，如图 7-28 所示。

(6) 使用同样的方法，在幻灯片中插入一个视频文件，并调节其位置和大小，效果如图 7-29 所示。

提示

用户还可以在演示文稿中插入.swf 格式的 Flash 文件。方法很简单：只需参照插入文件中的视频的方法插入即可。如图 7-30 所示的是插入.swf 格式文件后的幻灯片效果。

图 7-28　新建一张【空白】版式的幻灯片

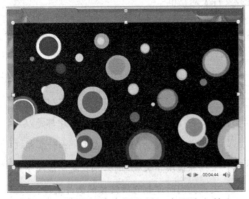

图 7-29　在幻灯片中插入另一个影片文件　　　　图 7-30　在幻灯片中插入 Flash 文件

(7) 在快速访问工具栏中单击【保存】按钮，保存插入影片文件后的【计算机模拟航行】演示文稿。

⑦.3.3　插入网站中的视频

除了插入剪贴画视频和文件中的视频外，PowerPoint 还能从一些视频网站中插入在线视频，通过 PowerPoint 调用在线视频播放。

在演示文稿中插入已经上传到网站中的视频的具体方法是：打开【插入】选项卡，在【媒体】组中单击【视频】下拉按钮，从弹出的下拉菜单中选择【来自网站的视频】命令，打开【从网站插入视频】对话框，在文本框中输入视频的网址，单击【插入】按钮即可，如图 7-31 所示。

 知识点

网站中的视频格式必须是 Windows Media Player 能够兼容的，否则插入到演示文稿后将无法播放。

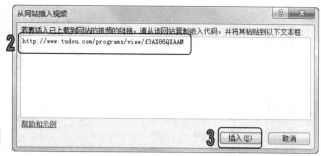

图 7-31　执行从网站插入视频

7.4　设置影片效果

在 PowerPoint 中插入影片文件后，功能区将出现【视频工具】的【格式】和【播放】选项卡，如图 7-32 所示。使用其中的功能按钮，不仅可以调整它们的位置、大小、亮度、对比度、旋转等格式，还可以对它们进行剪裁、设置透明色、重新着色及设置边框线等简单处理。

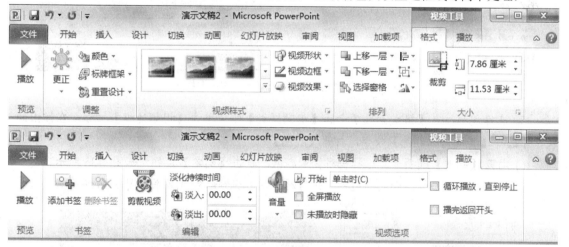

图 7-32　【视频工具】的【格式】和【播放】选项卡

【例 7-5】在【计算机模拟航行】演示文稿中，设置影片的格式和效果。

(1) 启动 PowerPoint 2010 应用程序，打开【计算机模拟航行】演示文稿。

(2) 在幻灯片预览窗格中选择第 2 张幻灯片缩略图，将其显示在幻灯片编辑窗口中。

(3) 选中影片，打开【视频工具】的【格式】选项卡，在【调整】组中单击【更正】按钮，从弹出的【亮度和对比度】列表中选择【亮度:+20% 对比度:+40%】选项，此时即可调整视频的第 1 帧画面的对比度和亮度，如图 7-33 所示。

(4) 打开【视频工具】的【格式】选项卡，在【视频样式】组中单击【其他】按钮，从弹出的菜单的【强烈】列表中选择【映像棱台，黑色】选项，快速为视频应用该视频样式，如图 7-34 所示。

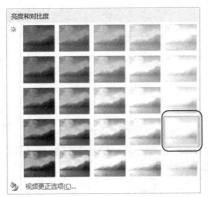
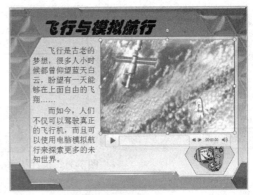

图 7-33　调节视频的亮度和对比度

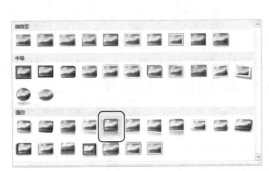
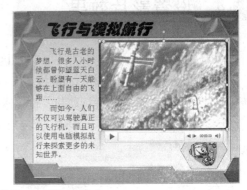

图 7-34　为视频应用【映像棱台，黑色】样式

(5) 选择视频，在【格式】选项卡的【视频样式】组中单击【视频边框】按钮，在弹出的菜单中选择【其他轮廓颜色】命令，打开【颜色】对话框。

(6) 打开【标准】选项卡，选择一种轮廓颜色，单击【确定】按钮，如图 7-35 所示。

(7) 即可为视频添加该颜色的边框，此时幻灯片中视频的外观效果如图 7-36 所示。

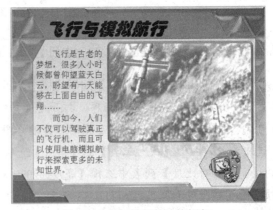

图 7-35　选择一种轮廓颜色　　　　　图 7-36　设置视频的边框颜色

(8) 选择视频，打开【视频工具】的【播放】选项卡，在【编辑】组中设置【淡入】值为 03.00，【淡出】值为 03.00。

(9) 在【视频选项】组中选中【全屏播放】复选框，在播放时，PowerPoint 会自动将影片显示为全屏幕。

(10) 在【开始】下拉列表选择【单击时】选项，设置单击播放影片；单击【音量】下拉按钮，从弹出的下拉菜单中选择【中】选项，设置播放影片时的音量，如图 7-37 所示。

(11) 返回至幻灯片编辑窗口，在【预览】组中单击【播放】按钮，查看视频的播放效果，如图 7-38 所示。

图 7-37　设置视频选项

图 7-38　预览设置后的视频效果

(12) 在幻灯片预览窗格中选择第 3 张幻灯片缩略图，将其显示在幻灯片编辑窗口中。

(13) 选中影片，打开【视频工具】的【格式】选项卡，在【视频样式】组中单击【其他】按钮 ，在弹出菜单的【中等】列表中选择【发光圆角矩形】选项，快速为视频应用该视频样式，如图 7-39 所示。

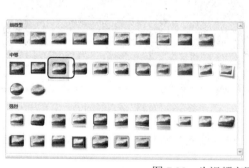

图 7-39　为视频应用【发光圆角矩形】样式

(14) 选择视频，打开【视频工具】的【播放】选项卡，在【编辑】组中设置【裁剪视频】按钮，打开【裁剪视频】对话框。

(15) 拖动绿色和红色滑块，开始裁剪影片文件，如图 7-40 所示。

(16) 单击【播放】按钮，可以预览裁剪后的影片文件的效果(如图 7-41 所示)，单击【确定】按钮，确定影片的裁剪。

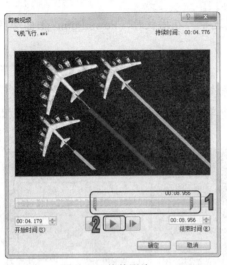
图 7-40　裁剪影片

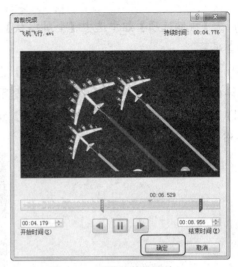
图 7-41　预览裁剪的影片

（17）返回至幻灯片编辑窗口中，查看裁剪后的影片效果，如图 7-42 所示。

（18）选中视频，打开【视频工具】的【播放】选项卡，在【视频选项】组中选中【全屏播放】复选框，在播放时，PowerPoint 会自动将影片显示为全屏幕。

（19）在【预览】组中单击【播放】按钮，即可查看视频播放整体效果，如图 7-43 所示。

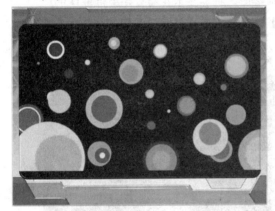
图 7-42　裁剪后的影片在幻灯片中的效果

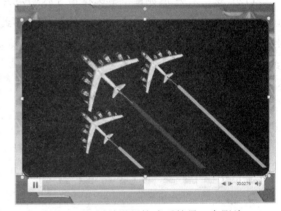
图 7-43　播放设置格式后的另一个影片

（20）在快速访问工具栏中单击【保存】按钮，保存设置影片格式后的【计算机模拟航行】演示文稿。

⑦.5　上机练习

本章的上机练习主要练习制作【南京梅花节宣传】演示文稿，使用户更好地掌握插入声音和影片、设置声音格式和设置影片格式等基本操作方法和技巧。

（1）启动 PowerPoint 2010 应用程序，打开一个空白演示文稿。

（2）单击【文件】按钮，在弹出的【文件】菜单中选择【新建】命令，然后在中间的模板窗格中选择【我的模板】选项。打开【新建演示文稿】对话框，选择【模板17】选项，单击【确定】按钮，如图 7-44 所示。

(3) 此时，即可新建一个基于模板的文档，将其以"南京梅花节宣传"为名保存，如图 7-45 所示。

图 7-44 选择模板 17

图 7-45 创建【南京梅花节宣传】演示文稿

(4) 在【单击此处添加标题】文本占位符中输入"南京国际梅花节"，设置其字体为【华文琥珀】，字号为 66，字体效果为【阴影】；在【单击此处添加副标题】文本占位符中输入文本，设置其字号为 32，字形为【加粗】、【倾斜】，效果如图 7-46 所示。

(5) 打开【插入】选项卡，在【媒体】组单击【音频】下拉按钮，在弹出的下拉菜单中选择【文件中的音频】命令，打开【插入音频】对话框。打开文件路径，选择音频文件，单击【插入】按钮，如图 7-47 所示。

图 7-46 设置幻灯片标题文本

图 7-47 选择目标音频文件

(6) 此时，该音频文件将插入到幻灯片中，拖动音频图标至合适的位置，如图 7-48 所示。

(7) 打开【插入】选项卡，在【媒体】组中单击【视频】下拉按钮，在弹出的下拉菜单中选择【剪贴画视频】命令，打开【剪贴画】任务窗格，显示所有的视频文件，单击要插入的剪贴画视频，将其插入到幻灯片中，拖动鼠标调节其大小和位置，效果如图 7-49 所示。

图 7-48　调节声音图标的位置

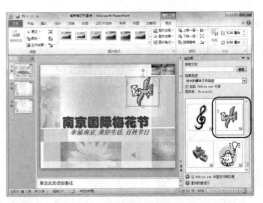

图 7-49　插入剪贴画视频

(8) 在幻灯片预览窗口中选择第 2 张幻灯片缩略图，将其显示在幻灯片编辑窗口中。

(9) 在标题占位符中输入"梅花节"，设置其字体为【华文琥珀】，字号为 44，文本对齐方式为【居中】，字体效果为【阴影】；在文本占位符中输入文本，设置其字号为 36，字体颜色为【蓝色】，效果如图 7-50 所示。

(10) 在幻灯片预览窗口中选择第 3 张幻灯片缩略图，将其显示在幻灯片编辑窗口中。

(11) 在【单击此处添加标题】文本占位符中输入"梅花效果展示"，设置其字体为【华文琥珀】，字号为 44，文本对齐方式为【居中】，字体效果为【阴影】，选中文本占位符，按 Delete 键，将其删除，效果如图 7-51 所示。

图 7-50　在占位符中输入文字

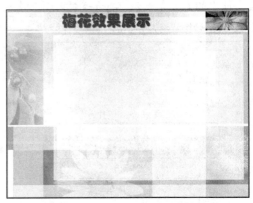

图 7-51　设置占位符中的文字格式

(12) 打开【插入】选项卡，在【媒体】组中单击【视频】下拉按钮，在弹出的下拉菜单中选择【文件中的视频】命令，打开【插入视频文件】对话框，选择要插入的视频文件，单击【插入】按钮，如图 7-52 所示。

(13) 此时，影片文件将插入到第 3 张幻灯片中。拖动鼠标调节其位置和大小，效果如图 7-53 所示。

(14) 打开【视频工具】的【播放】选项卡，在【编辑】组中单击【剪裁视频】按钮，打开【剪辑视频】对话框，拖动绿色滑块，将开头的进入效果部分的影片剪辑掉，如图 7-54 所示。

(15) 单击【确定】按钮，完成视频的裁剪，此时影片在幻灯片中的效果如图 7-55 所示。

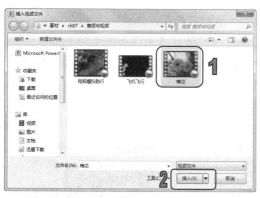

图 7-52　选择梅花影片文件

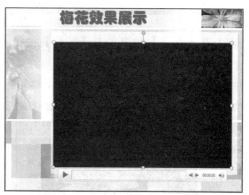

图 7-53　插入梅花影片

图 7-54　剪裁影片

图 7-55　显示剪裁后的影片

（16）选中视频，在【格式】选项卡的【视频样式】组中单击【其他】按钮，在弹出的列表框中选择【剪裁对角，渐变】样式，为视频快速应用该样式，如图 7-56 所示。

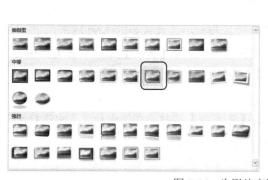

图 7-56　为影片应用视频样式

（17）打开【视频工具】的【播放】选项卡，在【视频选项】组中单击【音量】下拉按钮，在弹出的下拉菜单中选择【中】选项，然后选中【循环播放，直到停止】复选框，设置在放映幻灯片的过程中，影片会自动循环播放，直到放映下一张幻灯片或停止放映为止。

(18) 在【预览】组中单击【播放】按钮，即可查看视频播放效果，如图 7-57 所示。

(19) 打开【开始】选项卡，在【幻灯片】组中单击【新建幻灯片】下拉按钮，在弹出的列表中选择【空白】选项，即可在演示文稿中添加空白的幻灯片，如图 7-58 所示。

图 7-57　在幻灯片中播放梅花视频

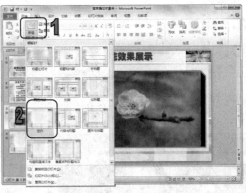

图 7-58　新建一个空白幻灯片

(20) 打开【插入】选项卡，在【图像】组中单击【图片】按钮，打开【插入图片】对话框，选中图片和 GIF 格式的动态图片，单击【插入】按钮，将其插入至幻灯片中，如图 7-59 所示。

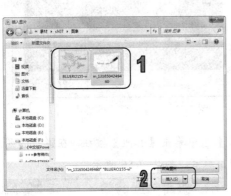

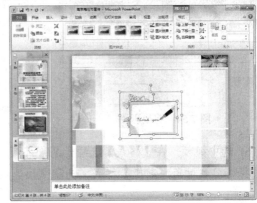

图 7-59　在幻灯片中插入图片

(21) 拖动鼠标调节图片和 GIF 格式的动态图片的位置和大小，效果如图 7-60 所示。

(22) 选中 GIF 图片，打开【图片工具】的【格式】选项卡，在【排列】组中单击【上移一层】下拉按钮，在弹出的下拉菜单中选择【置于顶层】命令，将其放置在最顶层显示，效果如图 7-61 所示。

(23) 打开【插入】选项卡，在【文本】组中单击【艺术字】按钮，在弹出的列表中选择如图 7-62 所示的艺术字样式，即可在幻灯片中插入该样式的艺术字。

(24) 在【请在此处放置您的文字】艺术字框中输入文本，并调节艺术字的位置，效果如图 7-63 所示。

图 7-60　插入图片

图 7-61　排列图片

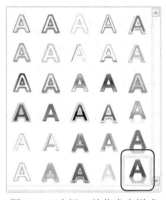

图 7-62　选择一种艺术字样式

图 7-63　编辑艺术字文本

（25）选中艺术字，打开【绘图工具】的【格式】选项卡，在【艺术字样式】组中单击【文字效果】按钮 ，在弹出的菜单中选择【转换】命令，然后在【弯曲】列表中选择【正 V 形】样式，为艺术字应用该样式，如图 7-64 所示。

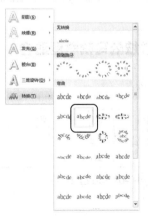

图 7-64　为艺术字应用转换样式

（26）在演示文稿窗口的状态栏中单击【幻灯片浏览】按钮 ，切换至幻灯片浏览视图，以

计算机　基础与实训教材系列

缩略图的方式查看制作的幻灯片，如图 7-65 所示。

(27) 双击第 1 张幻灯片，进入幻灯片编辑窗口，选中音频打开【音频工具】的【播放】选项卡，在【编辑】组中设置【淡入】和【淡出】值为 03.00，【音频选项】组中，单击【音量】按钮，在弹出的菜单中选择【低】选项，在【音频选项】组中的【开始】下拉列表中选择【自动】选项，如图 7-66 所示。

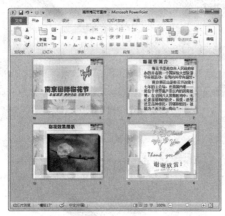

图 7-65　在占位符中输入文字

图 7-66　设置音频格式

(28) 在快速访问工具栏中单击【保存】按钮 ，保存创建的【南京梅花节宣传】演示文稿。

7.6　习题

1. 制作如图 7-67 所示的幻灯片。在其中插入的声音对象为剪辑管理器中的【掌声.wav】，插入的影片从左向右均为剪辑管理器中的 GIF 动画。

2. 设置影片的外观属性，并为中间的 GIF 动画对象重新着色，设置其颜色为【橄榄色，强调文字颜色 3，浅色】，如图 7-68 所示。

图 7-67　习题 1

图 7-68　习题 2

PowerPoint 的动画应用

学习目标

在 PowerPoint 2010 中，用户可以为演示文稿中的文本或多媒体对象添加特殊的视觉效果或声音效果，如使文字逐字飞入演示文稿，或在显示图片时自动播放声音等。PowerPoint 2010 提供了丰富的动画效果，用户可以为幻灯片设置切换动画和自定义动画。本章主要介绍在幻灯片中为对象设置动画，以及为幻灯片设置切换动画的方法。

本章重点

- ◉ 设计幻灯片切换动画
- ◉ 为幻灯片中的对象添加动画效果
- ◉ 对象动画效果高级设置
- ◉ 演示文稿交互效果的实现

8.1 设置幻灯片切换动画

幻灯片切换动画是指一张幻灯片如何从屏幕上消失，以及另一张幻灯片如何显示在屏幕上的方式。幻灯片切换方式可以是简单地以一个幻灯片代替另一个幻灯片，也可以使幻灯片以特殊的效果出现在屏幕上。

8.1.1 为幻灯片添加切换效果

在演示文稿中，可以为一组幻灯片设置同一种切换方式，也可以为每张幻灯片设置不同的切换方式。

要为幻灯片添加切换动画，可以打开【切换】选项卡，在【切换到此幻灯片】选项组中进行设置。在该组中单击▾按钮，将打开如图 8-1 所示的幻灯片动画效果列表，当鼠标指针指向某个选项时，幻灯片将应用该效果，供用户预览。

💡 **提示**

在普通视图或幻灯片浏览视图中都可以为幻灯片设置切换动画，但在幻灯片浏览视图中设置动画效果时，更容易把握演示文稿的整体风格。

图 8-1　幻灯片切换动画列表

【**例 8-1**】在【产品展销】演示文稿中，为幻灯片添加切换动画。

(1) 启动 PowerPoint 2010 应用程序，打开第 3 章制作的【产品展销】演示文稿。

(2) 打开【切换】选项卡，在【切换到此幻灯片】组中单击【其他】按钮▾，从弹出的【华丽型】切换效果列表框中选择【库】选项，如图 8-2 所示。

(3) 此时，即可将【库】型切换动画应用到第 1 张幻灯片中，并预览该切换动画效果，如图 8-3 所示。

图 8-2　【库】型切换效果　　　　　图 8-3　显示【库】型切换动画

(4) 在【切换到此幻灯片】组中单击【效果选项】按钮，在弹出的菜单中选择【自左侧】选项，此时即可在幻灯片中预览第 1 张幻灯片的切换动画效果，如图 8-4 所示。

图 8-4　设置切换动画的效果选项

知识点

选中应用切换方案后的幻灯片，在【切换】选项卡的【预览】组中单击【预览】按钮，同样可以查看幻灯片的切换效果。

(5) 在幻灯片预览窗格中选择第 2 张幻灯片缩略图，将其显示在幻灯片编辑窗口中。

(6) 选中第 2~5 张幻灯片缩略图，在【切换】选项卡的【切换到此幻灯片】组中，单击【其他】按钮，在弹出的【细微型】切换效果列表框中选择【分割】选项，如图 8-5 所示。

(7) 此时，即可为第 2~5 张幻灯片应用【分割】型切换效果，其动画效果如图 8-6 所示。

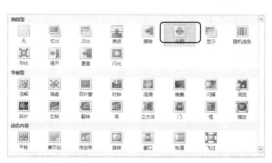

图 8-5　【分割】型切换效果

图 8-6　显示【分割】型切换动画

提示

为第 1 张幻灯片设置切换动画时，打开【切换】选项卡，在【计时】选项组中单击【全部应用】按钮，即可将该切换动画应用在每张幻灯片中。

8.1.2　设置切换动画计时选项

PowerPoint 2010 除了可以提供方便快捷的"切换方案"外，还可以为所选的切换效果配置音效、改变切换速度和换片方式，以增强演示文稿的活泼性。

【例 8-2】在【产品展销】演示文稿中，设置切换声音、切换速度和换片方式。

(1) 启动 PowerPoint 2010 应用程序，打开【例 8-1】创建的【产品展销】演示文稿。

(2) 打开【切换】选项卡，在【计时】选项组中单击【声音】下拉按钮，在弹出的下拉菜单中选择【风铃】选项，为幻灯片应用该效果的声音，如图 8-7 所示。

提示

在使用一些特殊的声音效果时，如掌声、微风等可循环播放的声音效果，这时用户可以在弹出的下拉菜单中继续选择【播放下一段声音之前一直循环】命令，控制声音持续循环播放，直至开始下一段声音的播放。

(3) 在【计时】选项组的【持续时间】微调框中输入"00.50"，如图 8-8 所示。为幻灯片设置持续时间的目的是控制幻灯片的切换速度，以便查看幻灯片内容。

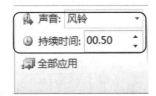

图 8-7　设置切换声音　　　　　　图 8-8　为幻灯片设置持续时间

(4) 在【计时】组中取消选中【单击鼠标时】复选框，选中【设置自动换片时间】复选框，并在其后的微调框中输入"00:05.00"，如图 8-9 所示。

(5) 单击【全部应用】按钮，将设置好的计时选项应用到每张幻灯片中。

(6) 单击状态栏中的【幻灯片浏览】按钮，切换至幻灯片浏览视图，查看设置后的自动切片时间，如图 8-10 所示。

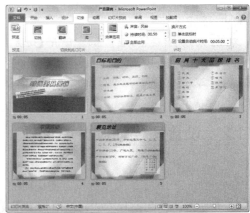

图 8-9　设置切片方式　　　　　　图 8-10　在浏览视图中查看幻灯片切片时间

 知识点

打开【切换】选项卡，在【计时】组的【换片方式】区域中，选中【单击鼠标时】复选框，表示在播放幻灯片时，需要在幻灯片中单击来换片；而取消选中该复选框，选中【设置自动换片时间】复选框，表示在播放幻灯片时，经过所设置的时间后会自动切换至下一张幻灯片，无须单击。另外，PowerPoint 还允许同时为幻灯片设置单击以切换幻灯片和输入具体值以定义幻灯片切换的延迟时间这两种换片的方式。

(7) 在快速访问工具栏中单击【保存】按钮 ，将设置切换动画后的【产品展销】演示文稿进行保存。

💡 提示

选中幻灯片，打开【切换】选项卡，在【切换到此幻灯片】组中单击【其他】按钮 ▼，从弹出的【细微型】切换效果列表框中选择【无】选项，即可删除该幻灯片的切换效果。

⑧.2 为幻灯片中的对象添加动画效果

在 PowerPoint 中，除了幻灯片切换动画外，还包括幻灯片的动画效果。所谓动画效果，是指为幻灯片内部各个对象设置的动画效果。用户可以对幻灯片中的文本、图形、表格等对象添加不同的动画效果，如进入动画、强调动画、退出动画和动作路径动画等。

⑧.2.1 添加进入效果

进入动画是为了设置文本或其他对象以多种动画效果进入放映屏幕。在添加该动画效果之前需要选中对象。对于占位符或文本框来说，选中占位符、文本框，以及进入其文本编辑状态时，都可以为它们添加该动画效果。

选中对象后，打开【动画】选项卡，单击【动画】组中的【其他】按钮 ▼，在弹出的如图 8-11 所示的【进入】列表框选择一种进入效果，即可为对象添加该动画效果。选择【更多进入效果】命令，将打开【更改进入效果】对话框，如图 8-12 所示。在该对话框中可以选择更多的进入动画效果。

图 8-11 进入效果菜单

图 8-12 【更改进入效果】对话框

另外，在【高级动画】组中单击【添加动画】按钮，同样可以在弹出的【进入】列表框中选择内置的进入动画效果，如图 8-13 所示。若选择【更多进入效果】命令，则打开【添加进入效果】对话框，如图 8-14 所示。在该对话框中同样可以选择更多的进入动画效果。

图 8-13　【进入】高级动画效果菜单　　　　图 8-14　【添加进入效果】对话框

提示

　　【更改进入效果】或【添加进入效果】对话框的动画按风格分为【基本型】、【细微型】、【温和型】和【华丽型】。选中对话框最下方的【预览效果】复选框，则在对话框中单击一种动画时，都能在幻灯片编辑窗口中看到该动画的预览效果。

【例 8-3】为【户外运动展览】演示文稿中的对象设置进入动画。

(1) 启动 PowerPoint 2010 应用程序，打开第 5 章制作的【户外运动展览】演示文稿。

(2) 在打开的第 1 张幻灯片中选中标题占位符，打开【动画】选项卡，在【动画】组中的【其他】按钮，从弹出的【进入】列表框选择【弹跳】选项，为正标题文字应用【弹跳】进入效果，效果如图 8-15 所示。

图 8-15　为正标题文字应用【弹跳】进入效果

(3) 选中副标题占位符，在【高级动画】组中单击【添加动画】按钮，从弹出的菜单中选择【更多进入效果】命令。

(4) 打开【添加进入效果】对话框，在【华丽型】选项区域中选择【飞旋】选项，单击【确定】按钮，为副标题文字应用【飞旋】进入效果，如图 8-16 所示。

图 8-16　为副标题文字添加【飞旋】进入效果

(5) 选中剪贴画图片，单击【动画】组中的【其他】按钮，从弹出的菜单中选择一种【更多进入效果】选项。

(6) 打开【更改进入效果】对话框，在【基本型】选项区域中选择【向内溶解】选项，单击【确定】按钮，为剪贴画更改进入该进入效果，如图 8-17 所示。

图 8-17　为剪贴画设置进入效果

(7) 选中艺术字，在【动画】组中的【其他】按钮，从弹出的【进入】列表框选择【飞入】选项，然后在【动画】组中单击【效果选项】下拉按钮，从弹出的下拉列表中选择【自右侧】选项，为飞入设置进入效果属性，如图 8-18 所示。

(8) 完成第 1 张幻灯片中对象的进入动画设置，在幻灯片编辑窗口中以编号的形式标记对象，如图 8-19 所示。

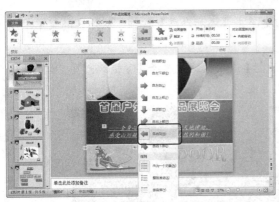

图 8-18　为艺术字设置进入效果　　　　　图 8-19　标记设置进入动画的对象

(9) 在【动画】选项卡的【预览】组中单击【预览】按钮，即可查看第 1 张幻灯片中应用的所有进入动画效果。

(10) 在快速访问工具栏中单击【保存】按钮，保存设置进入动画后的【户外运动展览】演示文稿。

⑧.2.2　添加强调效果

强调动画是为了突出幻灯片中的某部分内容而设置的特殊动画效果。添加强调动画的过程和添加进入效果大体相同，选择对象后，在【动画】组中单击【其他】按钮，在弹出的【强调】列表框选择一种强调效果，即可为对象添加该动画效果。选择【更多强调效果】命令，将打开【更改强调效果】对话框，如图 8-20 所示。在该对话框中可以选择更多的强调动画效果。

另外，在【高级动画】组中单击【添加动画】按钮，同样可以在弹出的【强调】列表框中选择一种强调动画效果。若选择【更多强调效果】命令，则打开【添加强调效果】对话框，如图 8-21 所示。在该对话框中同样可以选择更多的强调动画效果。

图 8-20　【更改强调效果】对话框　　　　图 8-21　【添加强调效果】对话框

【例8-4】为【户外运动展览】演示文稿中的对象设置强调动画。

(1) 启动 PowerPoint 2010 应用程序，打开【户外运动展览】演示文稿。

(2) 在幻灯片预览窗格中选择第 2 张幻灯片缩略图，将其显示在幻灯片编辑窗口中。

(3) 选中标题占位符，打开【动画】组，单击【其他】按钮 ，在弹出的【强调】列表框选择【画笔颜色】选项(如图 8-22 所示)，为文本应用该强调效果。

(4) 在【动画】组中单击【效果选项】下拉按钮，从弹出的下拉列表中选择【绿色】色块，如图 8-23 所示。

图 8-22　为标题应用【画笔颜色】强调效果

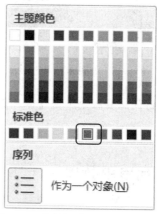

图 8-23　为强调动画设置效果选项

(5) 在【动画】选项卡的【预览】组中单击【预览】按钮，即可查看第 2 张幻灯片中的强调动画的效果，如图 8-24 所示。

(6) 选中十字星图形，在【高级动画】组中单击【添加动画】按钮，同样可以在弹出的菜单中选择【更多强调效果】命令。

(7) 打开【添加强调效果】对话框，在【华丽型】选项区域中选择【闪烁】选项，单击【确定】按钮，完成添加强调动画设置，如图 8-25 所示。

图 8-24　查看标题的强调动画效果

图 8-25　为星形添加强调动画

(8) 参照步骤(3)和步骤(4)，为第 3~4 张幻灯片的标题占位符应用【画笔颜色】强调效果，

计算机基础与实训教材系列

如图 8-26 所示。

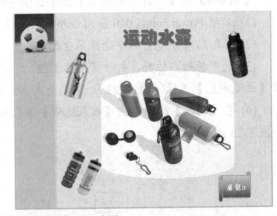

图 8-26　为标题文字添加绿画笔颜色强调动画

(9) 在快速访问工具栏中单击【保存】按钮，保存设置强调动画后的【户外运动展览】演示文稿。

8.2.3　添加退出效果

退出动画是为了设置幻灯片中的对象退出屏幕的效果。添加退出动画的过程和添加进入、强调动画效果大体相同。

选中需要添加退出效果的对象，在【高级动画】组中单击【添加动画】按钮，在弹出的如图 8-27 所示的【退出】列表框中选择一种强调动画效果。若选择【更多退出效果】命令，则打开【添加退出效果】对话框，如图 8-28 所示。在该对话框中可以选择更多的退出动画效果。

图 8-27　退出效果菜单　　　　　　图 8-28　【添加退出效果】对话框

知识点

选择对象后，在【动画】选项卡的【动画】组中单击【其他】按钮，在弹出的【退出】列表框中选择一种强调效果，即可为对象添加该动画效果。选择【更多退出效果】命令，将打开【更改退出效果】对话框，在该对话框中可以选择更多的退出动画效果。退出动画名称有很大一部分与进入动画名称相同，所不同的是，它们的运动方向存在差异。

【例8-5】为【户外运动展览】演示文稿中的对象设置退出动画。

(1) 启动 PowerPoint 2010 应用程序，打开【户外运动展览】演示文稿。

(2) 在幻灯片预览窗格中选择第 5 张幻灯片缩略图，将其显示在幻灯片编辑窗口中。

(3) 选中 SmartArt 图形，打开【动画】选项卡，在【动画】组中单击【其他】按钮，在弹出的菜单中选择【更多退出效果】命令，打开【更改退出效果】对话框，在【温和型】选项区域中选择【下沉】选项，单击【确定】按钮，如图 8-29 所示。

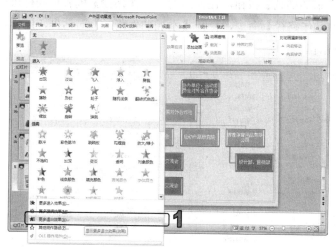

图 8-29　为 SmartArt 图形设置退出效果

(4) 返回至幻灯片编辑窗口中，此时在 SmartArt 图形前显示数字编号，如图 8-30 所示。

(5) 在【动画】选项卡的【预览】组中单击【预览】按钮，即可查看第 5 张幻灯片中的退出动画效果，如图 8-31 所示。

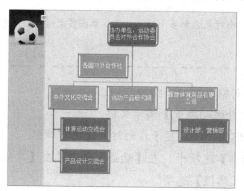
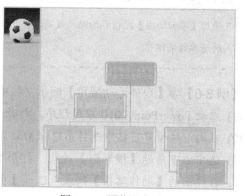

图 8-30　设置退出动画后的幻灯片效果

图 8-31　预览退出动画

(6) 在快速访问工具栏中单击【保存】按钮，保存设置退出动画后的【户外运动展览】演示文稿。

(8).2.4 添加动作路径动画效果

动作路径动画又称为路径动画，可以指定文本等对象沿预定的路径运动。PowerPoint 中的动作路径动画不仅提供了大量预设路径效果，还可以由用户自定义路径动画。

添加动作路径效果的步骤与添加进入动画的步骤基本相同，在【动画】组中单击【其他】按钮，在弹出的如图 8-32 所示的【动作路径】列表框选择一种动作路径效果，即可为对象添加该动画效果。若选择【其他动作路径】命令，打开【更改动作路径】对话框，可以选择其他的动作路径效果，如图 8-33 所示。

另外，在【高级动画】组单击【添加动画】按钮，在弹出的【动作路径】列表框同样可以选择一种动作路径效果；选择【其他动作路径】命令，打开【添加动作路径】对话框，同样可以选择更多的动作路径，如图 8-34 所示。

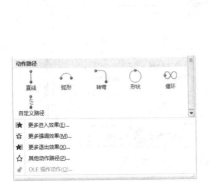

图 8-32　动作路径菜单　　图 8-33　【更改动作路径】对话框　　图 8-34　【添加动作路径】对话框

知识点

在使用【添加动画】按钮添加动画效果时，可以为单个对象添加多个动画效果、单击多次该按钮，选择不同的动画效果即可。

【例 8-6】为【户外运动展览】演示文稿中的对象设置动作路径。

(1) 启动 PowerPoint 2010 应用程序，打开【户外运动展览】演示文稿。

(2) 在幻灯片预览窗格中选择第 2 张幻灯片缩略图，将其显示在幻灯片编辑窗口中。

(3) 选中右下角的【横卷形】对象，打开【动画】选项卡，在【动画】组中单击【其他】按钮，在弹出的【动作路径】列表框选择【自定义路径】选项。

（4）将鼠标指针移动到图形附近，待鼠标指针变成十字形状时，拖动鼠标绘制曲线。双击完成曲线的绘制，此时即可查看【横卷形】的动作路径，如图 8-35 所示。

（5）查看完成动画效果后，在幻灯片中显示曲线的动作路径，动作路径起始端将显示一个绿色的▶标志，结束端将显示一个红色的◀标志，两个标志以一条虚线连接，效果如图 8-36 所示。

图 8-35　显示动作路径动画效果

图 8-36　显示绘制的曲线的动作路径

计算机 基础与实训教材系列

（6）使用同样的方法，为第 3~4 张幻灯片中【横卷形】对象设置动作路径动画，如图 8-37 所示。

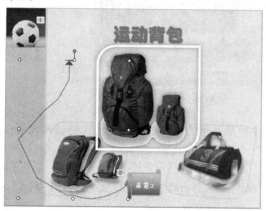

图 8-37　为其他幻灯片中的【横卷形】对象设置动作路径动画

（7）在快速访问工具栏中单击【保存】按钮，保存设置动作路径动画后的【户外运动展览】演示文稿。

⑧.3　对象动画效果高级设置

PowerPoint 2010 新增了动画效果高级设置功能，如设置动画触发器、使用动画刷复制动画、设置动画计时选项、重新排序动画等。使用该功能，可以使整个演示文稿更为美观，可以使幻灯片中的各个动画的衔接更为合理。

⑧.3.1 设置动画触发器

在幻灯片放映时，使用触发器功能，可以在单击幻灯片中的对象时显示动画效果。下面将以具体实例来介绍设置动画触发器的方法。

【例8-7】在【户外运动展览】演示文稿中，设置动画触发器。

(1) 启动 PowerPoint 2010 应用程序，打开【例8-6】创建的【户外运动展览】演示文稿。

(2) 自动显示第1张幻灯片，打开【动画】选项卡，在【高级动画】选项组中单击【动画窗格】按钮 ![动画窗格]，打开【动画窗格】任务窗格。

(3) 选择第3个动画效果，在【高级动画】选项组中单击【触发】按钮，在弹出的菜单中选择【单击】选项，然后再从弹出的子菜单中选择【矩形3】对象，如图8-38所示。

(4) 此时，Picture3对象上产生动画的触发器，并在任务窗格中显示所设置的触发器，如图8-39所示。

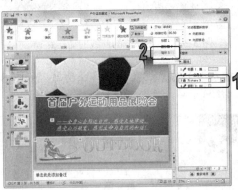
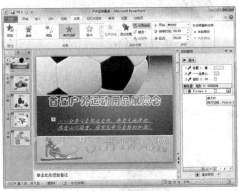

图8-38 添加动画触发器　　　　　　　　图8-39 显示设置的触发器

(5) 当播放幻灯片时，将鼠标指针指向【矩形3】对象并单击，即可启用触发器的动画效果。

知识点

单击【动画窗格】中设置触发器的动画效果右侧的下拉箭头，在弹出的下拉菜单中选择【计时】命令，然后在打开对话框的【触发器】区域对触发器进行设置，如图8-40所示。

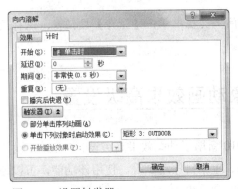

图8-40 设置触发器

⑧.3.2　动画刷复制动画效果

在 PowerPoint 2010 中，用户经常需要在同一幻灯片中为多个对象设置同样的动画效果，这时在设置一个对象动画后，通过动画刷复制动画功能，可以快速地复制动画到其他对象中，这是最快捷、有效的方法。

在幻灯片中选择设置动画后的对象，打开【动画】选项卡，在【高级动画】选项组中单击【动画刷】按钮 動画刷。将鼠标指针指向需要添加动画对象时，此时鼠标指针变成指针加刷子形状 ↳▲ 时，在指定的对象上单击，即可复制所选的动画效果，如图 8-41 所示。

 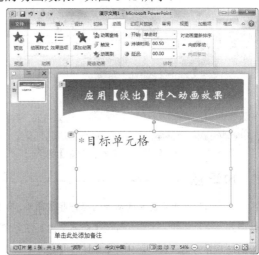

图 8-41　使用动画刷复制动画效果

 提示.......

　将复制的动画效果应用到指定对象时，自动预览所复制的动画效果，表示该动画效果已被应用到指定对象中。

⑧.3.3　设置动画计时选项

为对象添加了动画效果后，还需要设置动画计时选项，如开始时间、持续时间、延迟时间等。默认设置的动画效果在幻灯片放映屏幕中持续播放的时间只有几秒钟，同时需要单击才会开始播放下一个动画。如果默认的动画效果不能满足用户实际需求，则可以通过【动画设置】对话框的【计时】选项卡进行动画计时选项的设置。下面将以具体实例来介绍设置动画计时选项的方法。

【例 8-8】在【户外运动展览】演示文稿中设置动画计时选项。

(1) 启动 PowerPoint 2010 应用程序，打开【例 8-7】创建的【户外运动展览】演示文稿。

(2) 在自动打开的第 1 张幻灯片中，打开【动画】选项卡，在【高级动画】选项组中单击【动画窗格】按钮，打开【动画窗格】任务窗格。

(3) 在【动画窗格】任务窗格中选中第 2 个动画，在【计时】组中单击【开始】下拉按钮，从弹出的快捷菜单中选择【从上一项之后开始】选项，如图 8-42 所示。

(4) 第 2 个动画和第 1 个动画将合并为一个动画(如图 8-43 所示)，它将在第 1 个动画播放完后自动开始播放，无须单击。

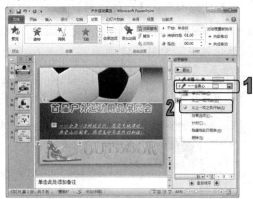

图 8-42　选择【从上一项之后开始】选项　　　　图 8-43　设置第 1 张幻灯片中的动画计时选项

知识点

删除幻灯片中不需要的动画的操作非常简单，单击设置动画效果对象左上角的数字按钮，直接按 Delete 键即可。除此之外，还可以通过【动画窗格】任务窗格删除动画：在【动画窗格】任务窗格中选择需要删除的动画并右击，从弹出的菜单中选择【删除】命令即可。

(5) 在【动画窗格】任务窗格中选中第 3 个动画效果，在【计时】选项组中单击【开始】下拉按钮，从弹出的快捷菜单中选择【上一动画之后】选项，并在【持续时间】和【延迟】文本框中输入 "01.00"，如图 8-44 所示。

(6) 在【动画窗格】任务窗格中选中第 3 个动画效果，右击，从弹出的菜单中选择【计时】命令，打开【补色】对话框的【计时】选项卡，在【期间】下拉列表中选择【中速(2 秒)】选项，在【重复】下拉列表中选择【直到幻灯片末尾】选项，单击【确定】按钮，如图 8-45 所示，设置在放映幻灯片时不断放映该艺术字的动画效果。

图 8-44　设置持续和延迟时间　　　　图 8-45　设置速度和重复选项

(7) 在幻灯片预览窗格中选择第 2 张幻灯片缩略图，将其显示在幻灯片编辑窗口中。

(8) 在【动画窗格】任务窗格中选中第 2~3 个动画效果，在【计时】组中单击【开始】下拉按钮，从弹出的快捷菜单中选择【与上一动画同时】选项，如图 8-46 所示。

(9) 此时，原编号为 1~3 的这 3 个动画将合为一个动画，如图 8-47 所示。

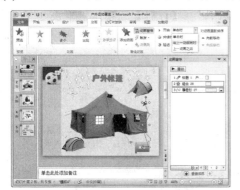
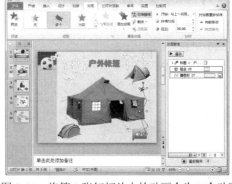

图 8-46　选择【与上一动画同时】选项　　　图 8-47　将第 2 张幻灯片中的动画合为一个动画

(10) 使用同样的方法，将第 3~4 张幻灯片中的所有动画合为一个动画，如图 8-48 所示。

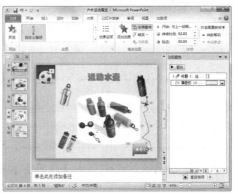

图 8-48　将其他幻灯片中的所有动画合为一个动画

知识点

在【动画窗格】任务窗格中，右击动画，从弹出的快捷菜单中选择【效果选项】命令，打开动画对象对话框的【效果】选项卡，在其中可以设置效果声音。

(11) 在快速访问工具栏中单击【保存】按钮，保存设置动画计时选项后的"户外运动展览"演示文稿。

⑧.3.4　重新排序动画

当一张幻灯片中设置了多个动画对象时，用户可以根据自己的需求重新排序动画，即调整各动画出现的顺序。

计算机 基础与实训教材系列

【例8-9】在【户外运动展览】演示文稿中，重新排序第1张幻灯片中的动画。

(1) 启动 PowerPoint 2010 应用程序，打开【例8-8】创建的【户外运动展览】演示文稿。

(2) 在自动打开的第1张幻灯片中，打开【动画】选项卡，在【高级动画】选项组中单击【动画窗格】按钮，打开【动画窗格】任务窗格。

(3) 在【动画窗格】任务窗格选中标号为2的动画，在【计时】选项组中单击2下【向前移动】按钮或者单击2下按钮，将其移动到窗格的最上方，此时标号自动更改为1。前后效果如图8-49所示。

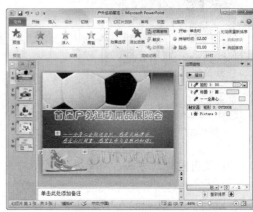

图 8-49　重新排列动画的前后效果

 提示

在【动画窗格】任务窗格中选中动画，在【计时】选项组中单击【向后移动】按钮，或者单击任务窗格下方的按钮，即可将该动画向下移动一位。

(4) 在快速访问工具栏中单击【保存】按钮，保存动画排序后的【户外运动展览】演示文稿。

8.4　演示文稿交互效果的实现

在 PowerPoint 中，可以为幻灯片中的文本、图像等对象添加超链接或者动作。当放映幻灯片时，可以在添加了超链接的文本或动作的按钮上单击，程序将自动跳转到指定的页面，或者执行指定的程序。演示文稿不再是从头到尾播放的线形模式，而是具有一定的交互性，能够按照预先设定的方式，在适当的时候放映需要的内容，或做出相应的反应。

8.4.1　添加超链接

超链接是指向特定位置或文件的一种连接方式，可以利用它指定程序的跳转位置。超链接只有在幻灯片放映时才有效。在 PowerPoint 中，超链接可以跳转到当前演示文稿中的特定幻灯片、其他演示文稿中特定的幻灯片、自定义放映、电子邮件地址、文件或 Web 页上。

💿 **提示** --

只有幻灯片中的对象才能添加超链接，备注、讲义等内容不能添加超链接。幻灯片中可以显示的对象几乎都可以作为超链接的载体。添加或修改超链接的操作一般在普通视图中的幻灯片编辑窗口中进行，而在幻灯片预览窗口的大纲选项卡中，只能对文字添加或修改超链接。

【例 8-10】在【户外运动展览】演示文稿中，为标题文本添加超链接。

(1) 启动 PowerPoint 2010 应用程序，打开设置动画效果后的【户外运动展览】演示文稿。

(2) 在第 1 张幻灯片的【单击此处添加副标题】文本占位符中选中文本"展览会"，打开【插入】选项卡，在【链接】选项组中单击【超链接】按钮。

(3) 打开【插入超链接】对话框，在【请选择文档中的位置】列表框中选择【5. 幻灯片 5】选项，在屏幕提示的文字右侧单击【屏幕提示】按钮，如图 8-50 所示。

(4) 打开【设置超链接屏幕提示】对话框，在【屏幕提示文字】文本框中输入文本，单击【确定】按钮，如图 8-51 所示。

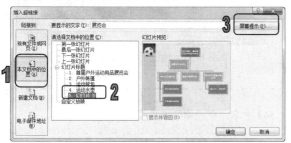

图 8-50　【插入超链接】对话框　　　　　图 8-51　【设置超链接屏幕提示】对话框

(5) 返回至【插入超链接】对话框，单击【确定】按钮，此时所选中的正标题中选中的文字变为蓝色，且下方出现横线，效果如图 8-52 所示。

(6) 在键盘上按下 F5 键放映幻灯片，当放映到第 1 张幻灯片时，将鼠标移动到副标题文字超链接，此时鼠标指针变为手形，此时弹出一个提示框，显示屏幕提示信息如图 8-53 所示。

图 8-52　显示添加的超链接　　　　　　　图 8-53　显示屏幕提示信息

知识点

右击添加了超链接的文字、图片等对象，在弹出的快捷菜单选择【编辑超链接】命令，打开与【插入超链接】对话框相似的【编辑超链接】对话框，在该对话框中可以按照添加超链接的方法对已有的超链接进行修改。

(7) 单击超链接，演示文稿将自动跳转到第 5 张幻灯片，如图 8-54 所示。

(8) 按 Esc 键，退出放映模式，返回到幻灯片编辑窗口，此时第 1 张幻灯片中的超链接将改变颜色，如图 8-55 所示，表示在放映演示文稿的过程中已经预览过该超链接。

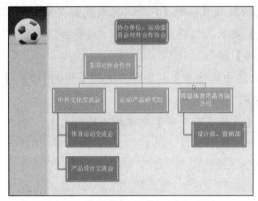

图 8-54　自动跳转至第 5 张幻灯片

图 8-55　预览后的超链接效果

提示

右击添加超链接，在快捷菜单中选择【取消超链接】命令，即可删除该超链接。

(9) 在快速访问工具栏中单击【保存】按钮 🖫，保存设置后的【户外运动展览】演示文稿。

8.4.2　添加动作按钮

动作按钮是 PowerPoint 中预先设置好的一组带有特定动作的图形按钮，这些按钮被预先设置为指向前一张、后一张、第一张、最后一张幻灯片、播放声音及播放电影等链接，应用这些预置好的按钮，可以实现在放映幻灯片时跳转的目的。

动作与超链接有很多相似之处，几乎包括了超链接可以指向的所有位置，动作还可以设置其他属性，如设置当鼠标移过某一对象上方时的动作。设置动作与设置超链接是相互影响的，在【设置动作】对话框中所作的设置，可以在【编辑超链接】对话框中表现出来。

【例 8-11】在【户外运动展览】演示文稿中添加动作按钮。

(1) 启动 PowerPoint 2010 应用程序，打开【户外运动展览】演示文稿。

(2) 在幻灯片预览窗格中选择第 5 张幻灯片缩略图，将其显示在幻灯片编辑窗口中。

(3) 打开【插入】选项卡，在【插图】组中单击【形状】按钮，在打开菜单的【动作按钮】

选项区域中选择【动作按钮:开始】命令☑，在幻灯片的右上角拖动鼠标绘制形状，如图 8-56 所示。

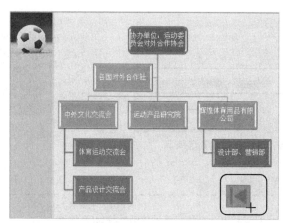

图 8-56　在幻灯片中绘制动作按钮

(4) 当释放鼠标时，系统将自动打开【动作设置】对话框，在【单击鼠标时的动作】选项区域中选中【超链接到】单选按钮，在【超链接到】下拉列表框中选择【幻灯片】选项，如图 8-57 所示。

(5) 打开【超链接到幻灯片】对话框，在【幻灯片标题】列表框中选择【1. 首届户外运动用品展览会】选项，单击【确定】按钮，如图 8-58 所示。

图 8-57　【动作设置】对话框　　　　　　图 8-58　【超链接到幻灯片】对话框

(6) 返回【动作设置】对话框，打开【鼠标移过】选项卡，选中【播放声音】复选框，并在其下方的下拉列表中选择【单击】选项，单击【确定】按钮，如图 8-59 所示。

(7) 完成动作按钮的设置后，返回至幻灯片编辑窗口中即可查看添加的动作按钮，如图 8-60 所示。

图 8-59　【鼠标移过】选项卡

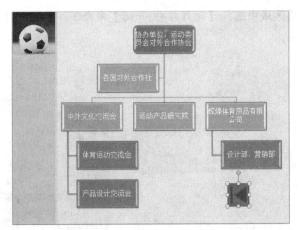

图 8-60　绘制的动作按钮

计算机 基础与实训教材系列

提示

放映演示文稿过程中，当鼠标移过该动作按钮(无须单击)时，将自动播放【单击】声音，而单击该按钮时，演示文稿将直接跳转到第 1 张幻灯片。

(8) 在幻灯片中选中绘制的动作按钮图形，打开【绘图工具】的【格式】选项卡，单击【形状样式】组中的【其他】按钮，在弹出的列表框中选择如图 8-61 所示的形状样式，为图形快速应用该形状样式。

(9) 拖动鼠标调节动作按钮的位置，使其效果如图 8-62 所示。

图 8-61　选择第 3 行第 5 列的样式

图 8-62　设置后的动作按钮效果

(10) 在快速访问工具栏中单击【保存】按钮，保存设置后的【户外运动展览】演示文稿。

⑧.4.3　链接到其他对象

在 PowerPoint 2010 中，除了可以将对象链接到当前演示文稿的其他幻灯片中外，还可以链接到其他对象中，如其他演示文稿、电子邮件和网页等。

1. 链接到其他演示文稿

将幻灯片中对象链接到其他演示文稿的目的是为了快速查看相关内容。

【例 8-12】将【厨具展示】演示文稿中链接到【产品展销】演示文稿中。

(1) 启动 PowerPoint 2010 应用程序，创建【厨具展示】相册，效果如图 8-63 所示。

(2) 打开【产品展销】演示文稿，自动显示第 1 张幻灯片，选中左侧的倾斜文本框，打开【插入】选项卡，在【链接】组中单击【超链接】按钮，打开【超链接】对话框。

(3) 在【链接到】列表框中选择【现有文件或网页】选项，在【查找范围】下拉列表框中选择目标文件所在位置，在【当前文件夹】列表框中选择【厨具展示】选项，单击【确定】按钮，如图 8-64 所示。

图 8-63　创建【厨具展示】相册

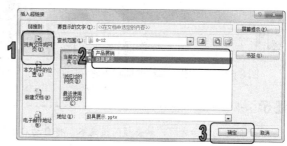

图 8-64　【超链接】对话框

(4) 此时，【厨具展示】演示文稿即可链接到【产品展销】演示文稿中。

(5) 按下 F5 键放映幻灯片，在第 1 张幻灯片中将鼠标指针移动到【会计报告】文本框中，此时鼠标指针变为手形，如图 8-65 所示。

(6) 单击超链接，将自动跳转到【厨具展示】演示文稿的放映界面，如图 8-66 所示。

图 8-65　显示插入的超链接

图 8-66　放映链接的演示文稿

(7) 按 Esc 键，退出放映模式，返回到幻灯片编辑窗口。

(8) 在快速访问工具栏中单击【保存】按钮 🖫，保存添加超链接后的【产品展销】演示文稿。

2. 链接到电子邮件

在 PowerPoint 2010 中可以将幻灯片链接到电子邮件中。选择要链接的对象，打开【插入】选项卡，在【链接】组中单击【超链接】按钮，打开【超链接】对话框，在【链接到】列表框中选择【电子邮件地址】选项，在【电子邮件地址】和【主题】文本框中输入所需文本，单击【确定】按钮，如图 8-67 所示，此时对象中的文本文字颜色变为【绿色】，并自动添加有下划线，如图 8-68 所示。

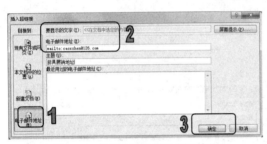

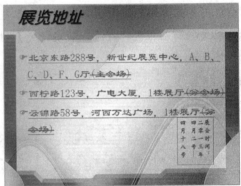

图 8-67　设置电子邮箱地址和主题　　　　图 8-68　链接到电子邮箱后的幻灯片效果

 提示

　　放映链接后的演示文稿，单击超链接文本，将自动启动电子邮件软件 Outlook 2010，在打开的写信页面中填写收件人和主题，输入正文后，单击【发送】按钮即可发送邮件。

3. 链接到网页

在 PowerPoint 2010 中，还可以将幻灯片链接到网页中。其链接方法与为幻灯片中的文本或图片添加超链接的方法类似，只是链接的目标位置不同。

其方法为：选择要设置链接的对象，打开【插入】选项卡，在【链接】组中单击【超链接】按钮，打开【超链接】对话框，在【链接到】列表框中选择【现有文件或网页】选项，在【地址】文本框中粘贴所复制的网页地址，单击【确定】按钮即可，如图 8-69 所示。

图 8-69　输入网站地址

 **提示**

　　在放映幻灯片时，单击添加超链接的对象后，将自动打开所链接的网站。

4. 链接到其他文件

在 PowerPoint 2010 中还可以将幻灯片链接到其他文件，如 Office 文件。打开【插入】选项卡，在【链接】组中单击【超链接】按钮，打开【插入超链接】对话框，在【链接到】列表框中选择【现有文件或网页】选项，在【查找范围】右侧单击【浏览文件】按钮，打开【链接到文件】对话框，在其中选择目标文件，单击【确定】按钮，如图 8-70 所示。回到【插入超链接】对话框，在【地址】文本框中显示链接地址，单击【确定】按钮，如图 8-71 所示，即可完成链接操作。

图 8-70　选择要链接的 Word 文档

图 8-71　显示链接的文档地址

8.5　上机练习

本章的上机练习主要练习设计演示文稿动画效果，使用户更好地掌握设计幻灯片切换动画、添加对象的动画效果和设置对象动画效果等基本操作方法。

(1) 启动 PowerPoint 2010 应用程序，打开【幼儿英语教学】演示文稿。

(2) 在第 1 张幻灯片中选中标题文本占位符，打开【切换】选项卡，在【切换到此幻灯片】组中单击【其他】按钮，从弹出的【华丽型】列表中选择【涟漪】选项，如图 8-72 所示。

(3) 此时，即可将【涟漪】型切换动画应用到第 1 张幻灯片中，并自动放映该切换动画效果，如图 8-73 所示。

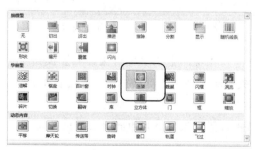

图 8-72　选择【涟漪】型切换动画

图 8-73　【涟漪】型切换动画放映效果

(4) 在【计时】组中单击【声音】下拉按钮，从弹出的下拉列表中选择【风声】选项，选中【换片方式】下的所有复选框，并设置时间为 01:00.00，如图 8-74 所示。

(5) 单击【全部应用】按钮，将设置好的效果和计时选项应用到所有幻灯片中。

(6) 单击状态栏中的【幻灯片浏览】按钮，切换至幻灯片浏览视图，在幻灯片缩略图下显示切换效果图标和自动切片时间，如图 8-75 所示。

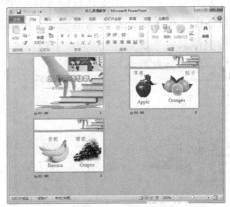

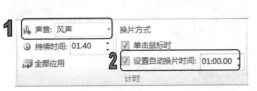

图 8-74　设置切换动画的计时选项　　　　图 8-75　显示切换效果图标和自动切片时间

(7) 使用同样的方法，切换至普通视图，在打开的第 1 张幻灯片中，选中标题占位符，打开【动画】选项卡，在【动画】组中单击【其他】按钮，在弹出的【进入】效果列表中选择【翻转式由远及近】选项，为标题占位符应用该进入动画，效果如图 8-76 所示。

(8) 选中副标题占位符，在【高级动画】组中单击【添加动画】按钮，在弹出的【强调】列表中选择【波浪形】选项，为副标题占位符应用该强调动画，效果如图 8-77 所示。

图 8-76　【翻转式由远及近】进入动画效果　　　图 8-77　【波浪形】强调动画效果

(9) 选中自选图形中的文本"飞翔培训中心"，在【动画】组中单击【其他】按钮，在弹出的菜单中选择【更多进入效果】命令，打开【更改进入效果】对话框。选择【展开】选项，单击【确定】按钮，如图 8-78 所示。

(10) 为图形文本框中的文本添加该进入效果，此时第 1 张幻灯片中的对象前因此标注上编号，如图 8-79 所示。

(11) 在【高级动画】组中单击【动画窗格】按钮，打开【动画窗格】任务窗格。

图 8-78　选择【展开】进入动画

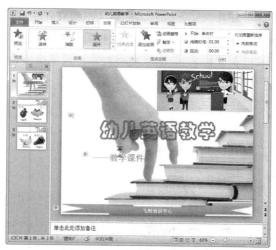

图 8-79　为应用动画效果后的对象编号

(12) 选中第 2 个动画，右击，在弹出的快捷菜单中选择【从上一帧之后开始】命令，设置开始播放顺序，无须单击。

(13) 使用同样的方法，设置第 3 个动画的播放顺序，如图 8-80 所示。

(14) 在幻灯片预览窗格中选择第 2 张幻灯片缩略图，将其显示在幻灯片编辑窗口中。

(15) 选中苹果图片，在【动画】选项卡的【动画】组中单击【其他】按钮▼，在弹出的【进入】效果列表中选择【浮入】选项。

(16) 选中"苹果"艺术字，在【动画】组中单击【其他】按钮▼，在弹出的【进入】效果列表中选择【弹跳】选项。

(17) 选中英文文本，在【动画】组中单击【其他】按钮▼，在弹出的【强调】效果列表中选择【加深】选项，此时为左侧的教学对象添加动画。

(18) 参照步骤(12)与步骤(13)，为对象动画设置播放顺序。

(19) 使用同样的方法，设置桔子教学对象的动画效果和播放顺序，如图 8-81 所示。

图 8-80　设置动画播放顺序

图 8-81　设置第 2 张幻灯片对象的动画效果和播放顺序

(20) 在幻灯片预览窗格中选择第 3 张幻灯片缩略图，将其显示在幻灯片编辑窗口中。

(21) 使用同样的方法，设置香蕉和葡萄教学对象的动画效果和播放顺序，如图 8-82 所示。

(22) 在键盘上按下 F5 键放映幻灯片，预览切换效果和对象的动画效果，如图 8-83 所示。

图 8-82　设置第 3 张幻灯片对象的动画效果和播放顺序　　　　图 8-83　幻灯片的放映效果

(23) 放映完毕后，单击以退出放映模式，返回到幻灯片编辑窗口。

(24) 在快速访问工具栏中单击【保存】按钮，保存【幼儿英语教学】演示文稿。

⑧.6　习题

1. 为如图 8-84 所示的幻灯片添加幻灯片切换动画效果，要求幻灯片切换效果为【左右向中央收缩分割】，切换声音为【风声】，且作用于所有幻灯片，同时要求每隔 15 秒自动切换。

2. 创建如图 8-85 所示的幻灯片。要求将标题文字设置为自顶部的【飞入】动画、速度为【快速】；将副标题文字设置为【棋盘】动画，速度为【慢速】；将剪贴画设置为【向左】的动作路径动画。

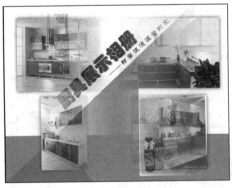

图 8-84　习题 1　　　　　　　　　　　　　　图 8-85　习题 2

第9章

幻灯片的放映与审阅

学习目标

在 PowerPoint 2010 中，可以选择最为理想的放映速度与放映方式，使幻灯片放映时结构清晰、节奏明快、过程流畅。另外，在放映时还可以利用绘图笔在屏幕上随时进行标示或强调，使重点更为突出。本章主要介绍放映和控制幻灯片、审阅演示文稿等操作。

本章重点

- ◉ 幻灯片放映前的设置
- ◉ 开始放映幻灯片
- ◉ 控制幻灯片的放映过程
- ◉ 审阅演示文稿

9.1 幻灯片放映前的设置

制作完演示文稿后，用户可以根据需要进行放映前的准备，如进行录制旁白，排练计时、设置放映的方式和类型、设置放映内容或调整幻灯片放映的顺序等。本节将介绍幻灯片放映前的一些基本设置。

9.1.1 设置放映时间

在放映幻灯片之前，演讲者可以运用 PowerPoint 的【排练计时】功能来排练整个演示文稿放映的时间，即将每张幻灯片的放映时间和整个演示文稿的总放映时间了然于胸。

【例9-1】使用【排练计时】功能排练【户外运动展览】演示文稿的放映时间。

(1) 启动 PowerPoint 2010 应用程序，打开【户外运动展览】演示文稿。

(2) 打开【幻灯片放映】选项卡，在【设置】组中单击【排练计时】按钮，如图 9-1 所示。

(3) 演示文稿将自动切换到幻灯片放映状态，效果如图 9-2 所示。与普通放映不同的是，在幻灯片左上角将显示【录制】对话框。

图 9-1 【设置】组   图 9-2 开始排练并打开【录制】对话框

(4) 不断单击鼠标进行幻灯片的放映，此时【录制】对话框中的数据会不断更新。

(5) 当最后一张幻灯片放映完毕后，将打开 Microsoft PowerPoint 对话框，该对话框显示幻灯片播放的总时间，并询问用户是否保留该排练时间，单击【是】按钮，如图 9-3 所示。

(6) 此时，演示文稿将切换到幻灯片浏览视图，从幻灯片浏览视图中可以看到每张幻灯片下方均显示各自的排练时间，如图 9-4 所示。

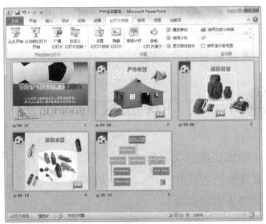

图 9-3 提示信息框   图 9-4 显示排练时间

⑨.1.2 设置放映方式

PowerPoint 2010 提供了多种演示文稿的放映方式，最常用的是幻灯片页面的演示控制，主要有幻灯片的定时放映、连续放映及循环放映 3 种。

1. 定时放映

用户在设置幻灯片切换效果时，可以设置每张幻灯片在放映时停留的时间，当等待到设定的时间后，幻灯片将自动向下放映。

打开【切换】选项卡，在【换片方式】组中选中【单击鼠标时】复选框，则用户单击鼠标或按下 Enter 键和空格键时，放映的演示文稿将切换到下一张幻灯片；选中【设置自动换片时间】复选框，并在其右侧的文本框中输入时间(时间为秒)后，则在演示文稿放映时，当幻灯片等待了设定的秒数之后，将自动切换到下一张幻灯片，如图 9-5 所示。

图 9-5　设置定时放映

2. 连续放映

在【切换】选项卡的【换片方式】选项组选中【设置自动换片时间】复选框，并为当前选定的幻灯片设置自动切换时间，再单击【全部应用】按钮，为演示文稿中的每张幻灯片设定相同的切换时间，即可实现幻灯片的连续自动放映。

需要注意的是，由于每张幻灯片的内容不同，放映的时间可能不同，所以设置连续放映的最常见方法是通过【排练计时】功能完成。

3. 循环放映

用户将制作好的演示文稿设置为循环放映，可以应用于如展览会场的展台等场合，让演示文稿自动运行并循环播放。

打开【幻灯片放映】选项卡，在【设置】选项组中单击【设置幻灯片放映】按钮，打开【设置放映方式】对话框，如图 9-6 所示。在【放映选项】选项区域中选中【循环放映，按 Esc 键终止】复选框，则在播放完最后一张幻灯片后，会自动跳转到第 1 张幻灯片，而不是结束放映，直到用户按 Esc 键退出放映状态。

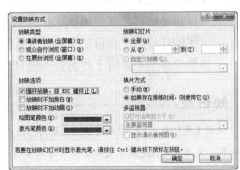

图 9-6　打开【设置放映方式】对话框

知识点

在【放映选项】选项区域中选中【放映时不加旁白】复选框，可以设置在幻灯片放映时不播放录制的旁白；选中【放映时不加动画】复选框，可以设置在幻灯片放映时不显示动画效果。

⑨.1.3 设置放映类型

在【设置放映方式】对话框的【放映类型】选项区域中可以设置幻灯片的放映模式。

- 【演讲者放映】模式(即全屏幕)：该模式是系统默认的放映类型，也是最常见的全屏放映方式。在这种放映方式下，演讲者现场控制演示节奏，具有放映的完全控制权。用户可以根据观众的反应随时调整放映速度或节奏，还可以暂停下来进行讨论或记录观众即席反应，甚至可以在放映过程中录制旁白。一般用于召开会议时的大屏幕放映、联机会议或网络广播等。

- 【观众自行浏览】模式(即窗口)：观众自行浏览是在标准 Windows 窗口中显示的放映形式，放映时的 PowerPoint 窗口具有菜单栏、Web 工具栏，类似于浏览网页的效果，便于观众自行浏览，如图 9-7 所示。

图 9-7　观众自行浏览窗口

 提示

使用该放映类型时，用户可以在放映时复制、编辑及打印幻灯片，并可以使用滚动条或 Page Up/Page Down 控制幻灯片的播放。该放映类型常用于在局域网或 Internet 中浏览演示文稿。

- 【展台浏览】模式(即全屏幕)：采用该放映类型，最主要的特点是不需要专人控制就可以自动运行，在使用该放映类型时，如超链接等的控制方法都失效。当播放完最后一张幻灯片后，会自动从第一张重新开始播放，直至用户按下 Esc 键才会停止播放。该放映类型主要用于展览会的展台或会议中的某部分需要自动演示等场合。

 知识点

使用【展台浏览】模式放映演示文稿时，用户不能对其放映过程进行干预，必须设置每张幻灯片的放映时间，或者预先设定演示文稿排练计时，否则可能会长时间停留在某张幻灯片上。

⑨.1.4　自定义放映

　　自定义放映是指用户可以自定义演示文稿放映的张数，使一个演示文稿适用于多种观众，即可以将一个演示文稿中的多张幻灯片进行分组，以便该特定的观众放映演示文稿中的特定部分。用户可以用超链接分别指向演示文稿中的各个自定义放映，也可以在放映整个演示文稿时只放映其中的某个自定义放映。

　　【例9-2】为【旅游宣传】演示文稿创建自定义放映。

　　(1) 启动 PowerPoint 2010 应用程序，打开第 3 章制作的【旅游宣传】演示文稿。

　　(2) 打开【幻灯片放映】选项卡，单击【开始放映幻灯片】选项组的【自定义幻灯片放映】按钮，在弹出的菜单中选择【自定义放映】命令，打开【自定义放映】对话框，单击【新建】按钮，如图 9-8 所示。

　　(3) 打开【定义自定义放映】对话框，在【幻灯片放映名称】文本框中输入文字"三亚旅行"，在【在演示文稿中的幻灯片】列表中选择第 1 张和第 3 张幻灯片，然后单击【添加】按钮，将两张幻灯片添加到【在自定义放映中的幻灯片】列表中，单击【确定】按钮，如图 9-9 所示。

图 9-8　【自定义放映】对话框

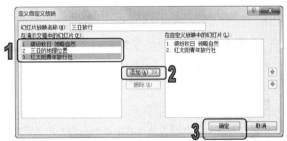

图 9-9　【定义自定义放映】对话框

　　(4) 返回至【自定义放映】对话框，在【自定义放映】列表中显示创建的放映，单击【关闭】按钮，如图 9-10 所示。

　　(5) 在【幻灯片放映】选项卡的【设置】选项组中单击【设置幻灯片放映】按钮，打开【设置放映方式】对话框，在【放映幻灯片】选项区域中选中【自定义放映】单选按钮，然后在其下方的列表框中选择需要放映的自定义放映，单击【确定】按钮，如图 9-11 所示。

图 9-10　显示创建的自定义放映

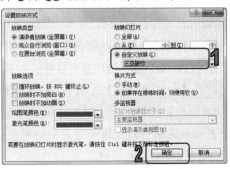

图 9-11　设置自定义放映方式

提示

　　【设置放映方式】对话框的【放映幻灯片】选项区域用于设置放映幻灯片的范围：选中【全部】单选按钮，设置放映全部幻灯片；选中【从……到】单选按钮，设置从某张幻灯片开始放映到某张幻灯片终止。

　　(6) 按下 F5 键时，将自动播放自定义放映幻灯片，效果如图 9-12 所示。

图 9-12　播放自定义放映幻灯片

　　(7) 单击【文件】按钮，在弹出的菜单中选择【另存为】命令，将该演示文稿以"自定义放映"为名进行保存。

 知识点

　　用户可以在幻灯片的其他对象中添加指向自定义放映的超链接，当单击了该超链接后，就会播放自定义放映。

⑨.1.5　幻灯片缩略图放映

　　幻灯片缩略图放映是指可以让 PowerPoint 在屏幕的左上角显示幻灯片的缩略图，从而方便用户在编辑时预览幻灯片效果。

　　【例 9-3】使【户外运动展览】演示文稿实现幻灯片缩略图放映。

　　(1) 启动 PowerPoint 2010 应用程序，打开排练计时后的【户外运动展览】演示文稿。

　　(2) 打开【幻灯片放映】选项卡，在【开始放映幻灯片】组中，按住 Ctrl 键，同时单击【从当前幻灯片开始】按钮，此时即可进入幻灯片缩略图放映模式，屏幕效果如图 9-13 所示。

　　(3) 在放映区域自动放映幻灯片中的对象动画。放映结束后，出现如图 9-14 所示的屏幕，再次单击以退出缩略图放映模式。

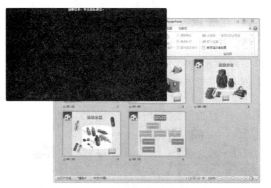

图 9-13　演示文稿在屏幕左上角放映　　　　　图 9-14　结束放映模式

⑨.1.6　录制语音旁白

在 PowerPoint 2010 中，可以为指定的幻灯片或全部幻灯片添加录音旁白。使用录制旁白可以为演示文稿增加解说词，在放映状态下主动播放语音说明。

【例 9-4】为【户外运动展览】演示文稿录制旁白。

(1) 启动 PowerPoint 2010 应用程序，打开排练计时后的【户外运动展览】演示文稿。

(2) 打开【幻灯片放映】选项卡，在【设置】选项组中单击【录制幻灯片演示】按钮，从弹出的菜单中选择【从头开始录制】命令，打开【录制幻灯片演示】对话框，保持默认设置，单击【开始录制】按钮，如图 9-15 所示。

(3) 进入幻灯片放映状态，同时开始录制旁白，同时在打开的【录制】对话框中显示录制时间，如图 9-16 所示。如果是第一次录音，用户可以根据需要自行调节麦克风的声音质量。

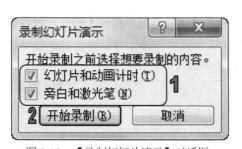

图 9-15　【录制幻灯片演示】对话框　　　　　图 9-16　开始录制旁白

✍ **知识点**

在【录制幻灯片演示】对话框选中【幻灯片和动画计时】、【旁白和激光笔】复选框后，用户即可通过麦克风为演示文稿配置语音，同时也可以按住 Ctrl 键激活激光笔工具，指示演示文稿的重点部分。

(4) 单击或按 Enter 键切换到下一张幻灯片。

(5) 当旁白录制完成后，按下 Esc 键或者单击即可。此时，演示文稿将切换到幻灯片浏览视图，即可查看录制的效果，如图 9-17 所示。

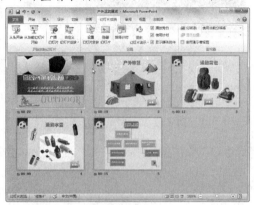

提示

录制了旁白的幻灯片右下角会显示一个声音图标。如果要删除幻灯片中的旁白，只需在幻灯片编辑窗口中单击选中声音图标，按下 Delete 键即可。

图 9-17 在浏览视图中显示旁白声音图标

(6) 单击【文件】按钮，在弹出的菜单中选择【另存为】命令，将演示文稿以"旁白旅游景点剪辑"为名进行保存。

⑨.2 开始放映幻灯片

完成放映前的准备工作后，就可以开始放映设计的演示文稿。常用的放映方法很多，除了自定义放映外，还有从头开始放映、从当前幻灯片开始放映和广播幻灯片等。

⑨.2.1 从头开始放映

从头开始放映是指从演示文稿的第一张幻灯片开始播放演示文稿。打开【幻灯片放映】选项卡，在【开始放映幻灯片】组中单击【从头开始】按钮，或者直接按 F5 键，开始放映演示文稿，此时进入全屏模式的幻灯片放映视图，如图 9-18 所示。

图 9-18 从头开始放映

9.2.2 从当前幻灯片开始放映

当用户需要从指定的某张幻灯片开始放映，则可以使用【从当前幻灯片开始】功能。

选择指定的幻灯片，打开【幻灯片放映】选项卡，在【开始放映幻灯片】组中单击【从当前幻灯片开始】按钮，此时进入幻灯片放映视图，幻灯片以全屏幕方式从当前幻灯片开始放映，如图 9-19 所示。

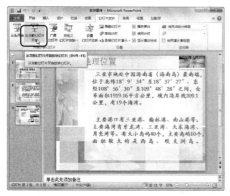

图 9-19 从当前幻灯片开始放映

9.2.3 广播幻灯片

广播幻灯片是 PowerPoint 2010 新增的一种功能。它利用 Windows Live 账户或组织提供的广播服务，直接向远程观众广播所制作的幻灯片。用户可以完全控制幻灯片的进度，而观众只需在浏览器中跟随浏览。

提示

使用【广播幻灯片】功能时，需要用户先注册一个 Windows Live 账户。

【例 9-5】在【户外运动展览】演示文稿中广播幻灯片。

(1) 启动 PowerPoint 2010 应用程序，打开排练计时后的【户外运动展览】演示文稿。

(2) 打开【幻灯片放映】选项卡，在【开始放映幻灯片】组中单击【广播幻灯片】按钮，打开【广播幻灯片】对话框，单击【启动广播】按钮，如图 9-20 所示。

(3) 此时，开始链接服务器，在弹出的进度对话框中显示正在链接服务器进度。稍后打开【链接到】对话框，在【电子邮件地址】和【密码】文本框中输入账户和密码，单击【确定】按钮，如图 9-21 所示。

(4) 返回至【广播幻灯片】对话框，正在准备广播，并显示广播的进度条，如图 9-22 所示。

(5) 在经过广播的进度条之后，在【广播幻灯片】对话框显示共享的网络链接，单击【开始放映幻灯片】按钮，如图 9-23 所示。

图 9-20 【广播幻灯片】对话框

图 9-21 输入 Windows Live 账户和密码

图 9-22 显示广播的进度条

图 9-23 显示共享的网络链接

提示

在【与远程查看者共享此链接，然后开始放映幻灯片。】列表框中复制演示文稿的网络地址，可以发送给其他用户以播放。在广播幻灯片时，其他用户可以使用浏览器浏览网络地址来查看放映中的幻灯片。

(6) 即可进入幻灯片放映视图，此时以全屏幕方式开始自动放映需要广播的幻灯片，如图 9-24 所示。

(7) 放映完毕后，返回至演示文稿工作界面，打开【广播】选项卡，在【广播】组中单击【结束广播】按钮，结束放映，如图 9-25 所示。

图 9-24 自动放映需要广播的幻灯片

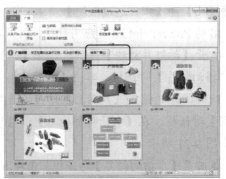

图 9-25 广播完成

(8) 此时将自动弹出信息提示框，提示是否要结束此广播，单击【结束广播】按钮，如图9-26 所示。

图 9-26　结束广播提示框

⑨.3　控制幻灯片的放映过程

在放映演示文稿的过程中，用户可以根据需要按放映次序依次放映、快速定位幻灯片、为重点内容做上标记、使屏幕出现黑屏或白屏和结束放映等。

⑨.3.1　切换与定位幻灯片

在放映幻灯片时，用户可以从当前幻灯片切换至上一张幻灯片或下一张幻灯片中，也可以直接从当前幻灯片跳转到另一张幻灯片。

以全屏幕方式进入幻灯片放映视图，在幻灯片中右击，从弹出的如图 9-27 所示的快捷菜单中选择【上一张】命令或【下一张】命令，快速切换幻灯片；在幻灯片中右击，从弹出的快捷菜单中选择【定位至幻灯片】|【5 幻灯片 5】命令，定位到所选的幻灯片中，如图 9-28 所示。

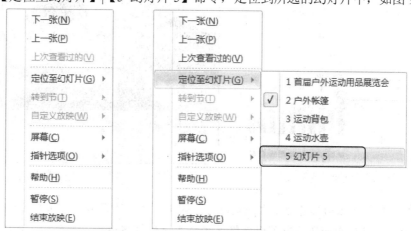

图 9-27　弹出右键菜单　　　　　　　　　图 9-28　定位幻灯片

另外，在左下角出现的控制区域中单击【下一张】按钮，切换到下一张幻灯片中；单击【下一张】按钮，切换至上一张幻灯片中。

提示 ······

当幻灯片中设置了动画，选择【上一张】或【下一张】命令，或者单击【上一张】或【下一张】按钮，就不是一张张放映幻灯片，而是逐项地放映动画。若要暂停放映幻灯片，可以单击█按钮，在右键菜单中选择【暂停】命令即可。

⑨.3.2 为重点内容做标记

使用 PowerPoint 2010 提供的绘图笔可以为重点内容做上标记。绘图笔的作用类似于板书笔，常用于强调或添加注释。用户可以选择绘图笔的形状和颜色，也可以随时擦除绘制的笔迹。

【例9-6】放映【户外运动展览】演示文稿，使用绘图笔标注重点。

(1) 启动 PowerPoint 2010 应用程序，打开排练计时后的【户外运动展览】演示文稿。

(2) 打开【幻灯片放映】选项卡，在【开始放映幻灯片】组中单击【从头开始】按钮，放映演示文稿。

(3) 单击 ✎ 按钮，或者在屏幕中右击，在弹出的快捷菜单中选择【荧光笔】选项，将绘图笔设置为荧光笔样式；单击 ✎ 按钮，在弹出的快捷菜单中选择【墨迹颜色】命令，在打开的【标准色】面板中选择【黄色】选项，如图 9-29 所示。

(4) 此时，鼠标指针变为一个小矩形形状 ▬，在需要绘制的地方拖动鼠标绘制标记，如图 9-30 所示。

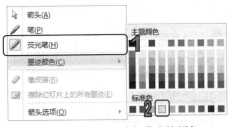

图 9-29　选择荧光笔颜色

图 9-30　使用荧光笔绘制墨迹

(5) 当放映到第 5 张幻灯片时，右击空白处，从弹出的快捷菜单中选择【指针选项】|【笔】命令；再次右击，从弹出的快捷菜单中选择【指针选项】|【墨迹颜色】命令，然后从弹出的颜色面板中选择【红色】色块，如图 9-31 所示。

(6) 此时，拖动鼠标在放映界面中的形状上绘制墨迹，如图 9-32 所示。

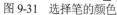

图 9-31 选择笔的颜色

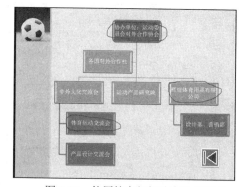

图 9-32 使用笔在幻灯片中绘制重点

(7) 当幻灯片播放完毕后，单击以退出放映状态时，系统将弹出对话框询问用户是否保留在放映时所做的墨迹注释，如图 9-33 所示。

(8) 单击【保留】按钮，将绘制的注释图形保留在幻灯片中，在幻灯片浏览视图中即可查看保留的墨迹，如图 9-34 所示。

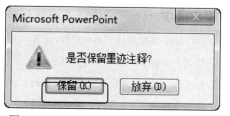

图 9-33 Microsoft Office PowerPoint 对话框

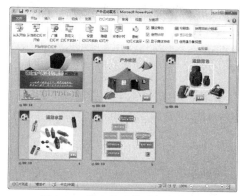

图 9-34 退出放映模式保留笔迹

(9) 在快速访问工具栏中单击【保存】按钮，将修改后的演示文稿保存。

9.3.3 使用激光笔

在幻灯片放映视图中，可以将鼠标指针变为激光笔样式，以将观看者的注意力吸引到幻灯片上的某个重点内容或特别要强调的内容位置。

将演示文稿切换至幻灯片放映视图状态下，在按住 Ctrl 键的同时单击，此时鼠标指针变成激光笔样式，移动鼠标指针，将其指向观众需要注意的内容上，如图 9-35 所示。

💡 提示

激光笔默认颜色为红色，可以更改其颜色，打开【设置放映方式】对话框，在【激光笔颜色】下拉列表框中选择颜色即可。

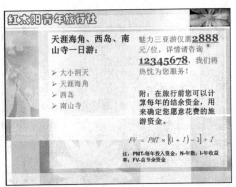

图 9-35　使用激光笔

⑨.3.4　使用黑屏或白屏

在幻灯片放映的过程中，有时为了隐藏幻灯片内容，可以将幻灯片进行黑屏或白屏显示。具体方法为：在弹出的如图 9-36 所示的右键菜单中选择【屏幕】|【黑屏】命令或【屏幕】|【白屏】命令即可。

图 9-36　【屏幕】联级菜单

> **提示**
>
> 除了选择右键菜单命令外，还可以直接使用快捷键。按下 B 键，将出现黑屏，按下 W 键将出现白屏。另外，在幻灯片放映视图模式中，按 F1 键，打开【幻灯片放映帮助】对话框，在其中可以查看各种快捷键的功能。

⑨.4　审阅演示文稿

PowerPoint 提供了多种实用的工具——审阅功能，允许对演示文稿进行校验和翻译，甚至允许多个用户对演示文稿的内容进行编辑并标记编辑历史等。

⑨.4.1　校验演示文稿

校验演示文稿功能的作用是校验演示文稿中使用的文本内容是否符合语法。它可以将演示文稿中的词汇与 PowerPoint 自带的词汇进行比较，查找出使用错误的词。

【**例 9-7**】校验制作的【励志名言】演示文稿。

(1) 启动 PowerPoint 2010 应用程序，使用模板新建一个名为"励志名言"的演示文稿。

(2) 在【单击此处添加标题】文本框中输入标题文本"英文励志名言"，设置字体为【华文琥珀】，字体颜色为【绿色】；在【单击此处添加文本】占位符中输入英文文本，设置字体为 Times New Roman，字号为 28，字体颜色为【深蓝】，如图 9-37 所示。

(3) 打开【审阅】选项卡，在【校对】组中单击【拼写检查】按钮，打开【拼写检查】对话框，自动校验演示文稿，并检测所有文本中的不符合词典的单词。

(4) 在【不在词典中】文本框中显示不符合词典的单词，同时为用户提供更改的建议，显示在【建议】列表框中，单击【更改】按钮，如图 9-38 所示。

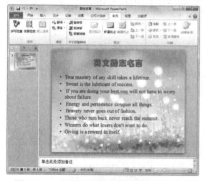

图 9-37　创建【励志名言】演示文稿

图 9-38　【拼写检查】对话框

知识点

在【拼写检查】对话框中，单击【全部忽略】按钮，将忽略该词汇在演示文稿中的每一次出现的报错；单击【更改】按钮，对出现的错误进程更改；单击【全部更改】按钮，应用对该词汇的所有更改；单击【添加】按钮，将该词汇添加到 PowerPoint 的词汇中；单击【建议】按钮，根据建议对演示文稿进行修改；单击【自动更正】按钮，自动更正所有语法错误。

(5) 当检测完毕后，自动打开 Microsoft PowerPoint 提示框，提示用户拼写检查结束，单击【确定】按钮，如图 9-39 所示。

(6) 完成拼写检查并更改后的幻灯片效果如图 9-40 所示。按 Ctrl+S 快捷键，保存演示文稿。

图 9-39　拼写检查结束提示框

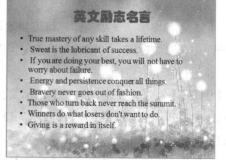

图 9-40　更改拼写错误的幻灯片效果

9.4.2　翻译内容

Office 系统软件可以直接调用微软翻译网站的翻译引擎，将演示文稿中的英文翻译为中文等语言。

【例9-8】在【励志名言】演示文稿中，翻译幻灯片中的英文内容。

(1) 启动 PowerPoint 2010 应用程序，打开【励志名言】演示文稿。

(2) 选中【单击此处添加文本】占位符中的英文文本，打开【审阅】选项卡，在【语言】组中单击【翻译】下拉按钮，从弹出的下拉菜单中选择【翻译所选文字】命令，打开【信息检索】任务窗格，此时 PowerPoint 2010 会自动通过互联网的翻译引擎翻译选中的英文，并显示翻译结果，如图 9-41 所示。

(3) 在【语言】组中单击【翻译】下拉按钮，从弹出的下拉菜单中选择【翻译屏幕提示】命令，将鼠标指针指向单词中，自动弹出屏幕提示框，显示语法和解释，如图 9-42 所示。

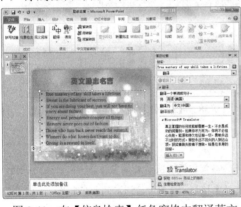

图 9-41　在【信息检索】任务窗格中翻译英文

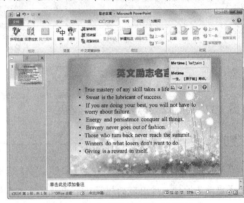

图 9-42　显示单词语法和解释

(4) 单击【播放】按钮，试听读音，单击【展开】按钮，打开【信息检索】任务窗格，开始检索信息，并在列表框中显示检索的结果。

9.4.3　创建批注

在用户制作完演示文稿后，还可以将演示文稿提供给其他用户，让其他用户参与到演示文稿的修改中，添加对演示文稿的修改意见。这时就需要其他用户使用 PowerPoint 的批注功能对演示文稿进行修改和审阅。

【例9-9】在【户外运动展览】演示文稿中创建批注。

(1) 启动 PowerPoint 2010 应用程序，打开【户外运动展览】演示文稿。

(2) 在幻灯片预览窗格中选择第 2 张幻灯片缩略图，将其显示在幻灯片编辑窗口中。

(3) 打开【审阅】选项卡，在【批注】组中单击【新建批注】按钮，此时自动弹出批注框，在其中输入批注文本框，如图 9-43 所示。

(4) 输入批注内容后，在幻灯片任意位置单击隐藏批注框，当鼠标指针移动到左上角的批注标签上，自动弹出批注框，显示文本信息，如图 9-44 所示。

图 9-43　输入批注文本　　　　　　　　　图 9-44　查看创建的批注文本

(5) 使用同样的方法，为其他幻灯片添加批注，如图 9-45 所示。

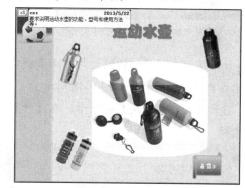

图 9-45　为其他幻灯片添加批注

(6) 在快速访问工具栏中单击【保存】按钮 ，保存创建批注后的演示文稿。

 提示 ----------

　　选中批注标签，打开【审阅】选项卡，在【批注】组中单击【删除】下拉按钮，从弹出的下拉菜单中选择【删除】命令，可以删除选中的批注；选择【删除当前幻灯片中的所有标记】命令，可以删除选中批注所在的幻灯片中的所有批注；选择【删除此演示文稿中的所有标记】命令，可以删除整个演示文稿中的所有批注。

9.5　上机练习

　　本章的上机实验主要练习放映【幼儿英语教学】演示文稿综合实例操作，使用户更好地掌握放映幻灯片、控制幻灯片的放映过程、审阅演示文稿等基本操作方法和技巧。

(1) 启动 PowerPoint 2010 应用程序，打开第 8 章上机练习制作完成的【幼儿英语教学】演

计算机 基础与实训教材系列

示文稿。

(2) 打开【幻灯片放映】选项卡，在【设置】组中单击【排练计时】按钮，演示文稿将自动切换到幻灯片放映状态，开始进行排列计时，效果如图 9-46 所示。

(3) 不断单击进行幻灯片的放映，此时【录制】对话框中的数据会不断更新，当最后一张幻灯片放映完毕后，将打开 Microsoft PowerPoint 对话框，该对话框显示幻灯片播放的总时间，并询问用户是否保留该排练时间，单击【是】按钮，如图 9-47 所示。

图 9-46　开始排练计时　　　　　　　　　　图 9-47　询问提示框

(4) 此时演示文稿将切换到幻灯片浏览视图，从幻灯片浏览视图中可以看到每张幻灯片下方均显示各自的排练时间，如图 9-48 所示。

(5) 打开【幻灯片放映】选项卡，在【开始放映幻灯片】组中单击【从头开始】按钮，放映演示文稿，如图 9-49 所示。

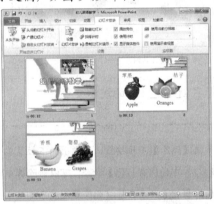

图 9-48　在浏览视图中显示排练时间　　　　图 9-49　开始放映演示文稿

(6) 当放映到第 2 张幻灯片时，右击空白处，从弹出的快捷菜单中选择【指针选项】|【笔】命令；再次右击，从弹出的快捷菜单中选择【指针选项】|【墨迹颜色】命令，然后从弹出的颜色面板中选择【蓝色】色块，此时拖动鼠标在放映界面中的形状上绘制墨迹和文字，如图 9-50 所示。

(7) 使用同样的方法，在第 3 张幻灯片放映页面中绘制墨迹，如图 9-51 所示。

(8) 当幻灯片播放完毕后，单击以退出放映状态时，系统将弹出对话框询问用户是否保留在放映时所做的墨迹注释，如图 9-52 所示。

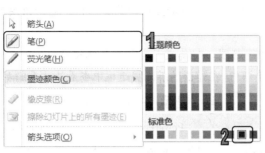

图 9-50 绘制墨迹和文字

图 9-51 在其他幻灯片中绘制墨迹

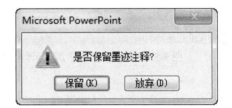

图 9-52 提示是否保留墨迹

(9) 单击【保留】按钮，将绘制的注释图形保留在幻灯片中，在幻灯片浏览视图中即可查看保留的墨迹，如图 9-53 所示。

(10) 双击第 2 张幻灯片缩略图，切换至普通视图，选中 oranges 文本框，打开【审阅】选项卡，在【语言】组中单击【翻译】下拉按钮，从弹出的下拉菜单中选择【翻译所选文字】命令，打开【信息检索】任务窗格，在列表框中显示翻译结果，如图 9-54 所示。

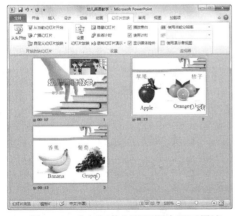

图 9-53 在幻灯片浏览视图中显示墨迹

图 9-54 在【信息检索】任务窗格中显示翻译结果

(11) 选中 Apple 文本框,在【语言】组中单击【翻译】下拉按钮,从弹出的下拉菜单中选择【翻译屏幕提示】命令,将鼠标指针指向 Apple 单词中,自动弹出屏幕提示框,显示语法和解释,如图 9-55 所示。

(12) 在幻灯片预览窗格中选择第 3 张幻灯片缩略图,将其显示在幻灯片编辑窗口中。

(13) 将鼠标指针分别指向 Banana 和 Grapes 单词中,在弹出的屏幕提示框中查看语法和解释。

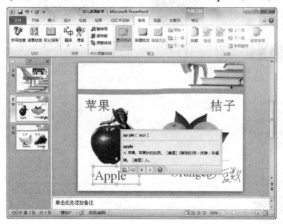

图 9-55 使用屏幕取词功能翻译单词

提示

PowerPoint 显示的文本为简体中文,使用 PowerPoint 的编码转换功能,进行简繁转换,方法为:选中占位符,打开【审阅】选项卡,在【中文简繁转换】组中单击【简转繁】按钮即可。若单击【简繁转换】按钮,打开【中文简繁转换】对话框,在其中可以设置转换方向(繁体转换为简体或者简体转换为繁体)。

⑨.6 习题

1. 如何对演示文稿进行排练计时?

2. 如何设置演示文稿的放映方式和类型?

3. 简述自定义放映的方法。

4. 如何进行幻灯片缩略图放映?

5. 如何在幻灯片放映过程中切换和定位幻灯片?

6. 如何在幻灯片放映过程中,为重点内容做标记?

7. 如何为演示文稿创建批注?

8. 如何翻译演示文稿中的英文文本?

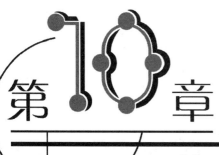

第10章

演示文稿的安全、打印和输出

学习目标

PowerPoint 提供了多种保存、输出演示文稿的方法，用户可以将制作出来的演示文稿输出为多种形式，以满足在不同环境下的需要。本章主要介绍介绍保护演示文稿、打印演示文稿、打包演示文稿，发布幻灯片、创建视频，以及将演示文稿输出为幻灯片放映、Web 格式及常用图形格式等的方法。

本章重点

- ◉ 保护演示文稿
- ◉ 打印演示文稿
- ◉ 打包演示文稿
- ◉ 发布幻灯片
- ◉ 创建视频
- ◉ 将演示文稿输出为其他格式

10.1　保护演示文稿

为了更好地保护演示文稿，可以对演示文稿进行加密保存，从而防止其他用户在未授权的情况下打开或修改演示文稿，以此加强文档的安全性。

【例 10-1】为【户外运动展览】演示文稿设置权限密码。

(1) 启动 PowerPoint 2010 应用程序，打开审阅过的【户外运动展览】演示文稿。

(2) 单击【文件】按钮，从弹出的【文件】菜单中选择【信息】命令，然后在中间的信息窗格中的【权限】区域中单击【保护演示文稿】下拉按钮，从弹出的下拉菜单中选择【用密码进行保护】命令，如图 10-1 所示。

(3) 打开【加密文档】对话框，在【密码】列表框中输入密码(这里为 123456)，单击【确定】按钮，如图 10-2 所示。

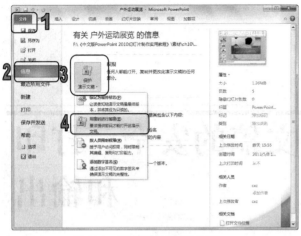

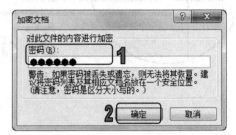

图 10-1　设置演示文稿的权限　　　　　　　　图 10-2　【加密文档】对话框

知识点

在【保护演示文稿】下拉菜单中选择【标记为最终状态】命令，可以设置将将演示文稿标记为最终版本，并将其设置为只读状态；选择【按人员权限限制】命令，可以授予其他用户访问权限，同时限制编辑、复制和打印演示文稿等操作；选择【添加数字签名】命令，可以使用数字签名保护演示文稿。

(4) 打开【确认密码】对话框，在【重新输入密码】文本框中输入密码，单击【确定】按钮，如图 10-3 所示。

(5) 返回至演示文稿界面，在信息窗格中显示"打开此演示文稿时需要密码"权限信息，如图 10-4 所示。

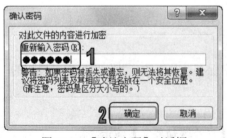

图 10-3　【确认密码】对话框　　　　　　　　图 10-4　显示设置的权限信息

(6) 关闭演示文稿，当再次打开演示文稿时，自动打开如图 10-5 所示的提示框，输入正确的密码才能打开该演示文稿。

知识点

打开【另存为】对话框，单击【工具】按钮，从弹出的菜单中选择【常规选项】命令，打开【常规选项】对话框，如图 10-6 所示。在该对话框中同样可以设置打开和修改密码。

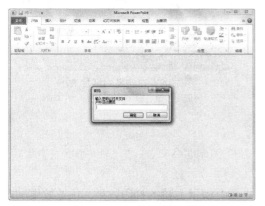

图 10-5　启动密码提示框

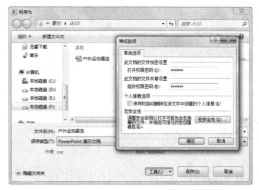

图 10-6　打开【常规选项】对话框

10.2　打印演示文稿

在 PowerPoint 2010 中，制作好的演示文稿不仅可以进行现场演示，还可以将其通过打印机打印出来，分发给观众作为演讲提示。

10.2.1　页面设置

在打印演示文稿前，可以根据自己的需要对打印页面进行设置，使打印的形式和效果更符合实际需要。

打开【设计】选项卡，在【页面设置】组中单击【页面设置】按钮，在打开的如图 10-7 所示的【页面设置】对话框中对幻灯片的大小、编号和方向进行设置。该对话框中部分选项的含义如下。

- 【幻灯片大小】下拉列表框：该下拉列表框用来设置幻灯片的大小。
- 【宽度】和【高度】文本框：用来设置打印区域的尺寸，单位为厘米。
- 【幻灯片编号起始值】文本框：用来设置当前打印的幻灯片的起始编号。
- 【方向】选项区域：在对话框的右侧，可以分别设置幻灯片与备注、讲义和大纲的打印方向，在此处设置的打印方向对整个演示文稿中的所有幻灯片及备注、讲义和大纲均有效。

如图 10-8 所示的是自定义高度为 30，宽度为 20 后的幻灯片缩略图效果。

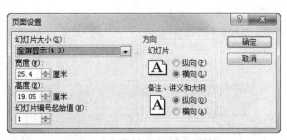

图 10-7 【页面设置】对话框

图 10-8 自定义幻灯片大小

10.2.2 预览并打印

在实际打印之前，用户可以使用打印预览功能先预览演示文稿的打印效果。预览效果满意后，可以连接打印机开始打印演示文稿。单击【文件】按钮，从弹出的菜单中选择【打印】命令，打开 Microsoft Office Backstage 视图，如图 10-9 所示，在右侧的窗格中预览演示文稿效果，在中间的【打印】窗格中进行相关的打印设置。

图 10-9 Microsoft Office Backstage 视图

提示

在打印时，根据不同的目的将演示文稿打印为不同的形式。常用的打印稿形式有：幻灯片、讲义、备注和大纲视图。

【打印】窗格中各选项的主要作用如下。

- ● 【打印机】下拉列表框：自动调用系统默认的打印机，当用户的计算机上装有多个打印机时，可以根据需要选择打印机或设置打印机的属性。
- ● 【打印全部幻灯片】下拉列表框：用来设置打印范围，系统默认打印当前演示文稿中的所有内容，用户可以选择打印当前幻灯片或在其下的【幻灯片】文本框中输入需要打印的幻灯片编号。
- ● 【整页幻灯片】下拉列表框：用来设置打印的板式、边框和大小等参数。
- ● 【单面打印】下拉列表框：用来设置单面或双面打印。
- ● 【调整】下拉列表框：用来设置打印排列顺序。

⊙ 【灰度】下拉列表框：用来设置幻灯片打印时的颜色。

⊙ 【份数】微调框：用来设置打印的份数。

【例 10-2】预览并打印【户外运动展览】演示文稿。

(1) 启动 PowerPoint 2010 应用程序，打开【户外运动展览】演示文稿。单击【文件】按钮，从弹出的菜单中选择【打印】命令，打开 Microsoft Office Backstage 视图。

(2) 在最右侧的窗格中可以查看幻灯片的打印效果，单击预览页中的【下一页】按钮，查看下一张幻灯片效果，如图 10-10 所示。

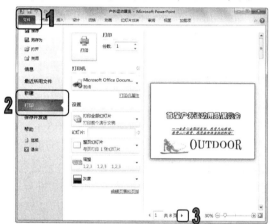

图 10-10　打印预览幻灯片

(3) 在【显示比例】进度条中拖动滑块，将幻灯片的显示比例设置为 60%，查看其中的内容，如图 10-11 所示。

(4) 单击【下一页】按钮，逐一查看每张幻灯片中的具体内容，最后一张幻灯片效果如图 10-12 所示。

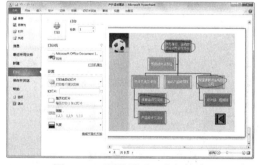

图 10-11　设置幻灯片的显示比例　　　　图 10-12　预览最后一张幻灯片

(5) 在中间的【份数】微调框中输入 10；单击【整页幻灯片】下拉按钮，在弹出的下拉列表框选择【6 张水平放置的幻灯片】选项；在【灰度】下拉列表框中选择【颜色】选项，如图 10-13 所示。

(6) 在中间窗格的【打印机】下拉列表中选择正确的打印机，如图 10-14 所示。

(7) 设置完毕后，单击左上角的【打印】按钮，即可开始打印幻灯片。

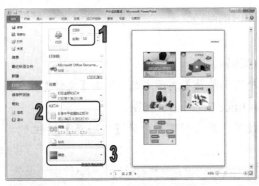

图 10-13　设置打印参数

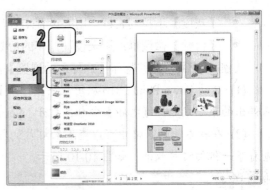

图 10-14　选择打印机

计算机 基础与实训教材系列

⑩.3　打包演示文稿

使用 PowerPoint 2010 提供的【打包成 CD】功能，在有刻录光驱的计算机上可以方便地将制作的演示文稿及其链接的各种媒体文件一次性打包到 CD 上，轻松实现将演示文稿分发或转移到其他计算机上进行演示。

【例 10-3】将创建完成的【产品展销】演示文稿打包为 CD。

(1) 启动 PowerPoint 2010 应用程序，打开【产品展销】演示文稿。

(2) 单击【文件】按钮，在弹出的菜单中选择【保存并发送】命令，在中间窗格的【文件类型】选项区域中选择【将演示文稿打包成 CD】选项，并在右侧的窗格中单击【打包成 CD】按钮，如图 10-15 所示。

(3) 打开【打包成 CD】对话框，在【将 CD 命名为】文本框中输入"产品展销 CD"，单击【添加】按钮，如图 10-16 所示。

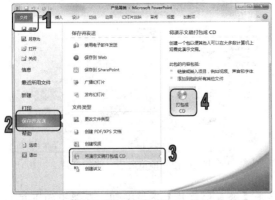

图 10-15　执行【将演示文稿打包成 CD】操作

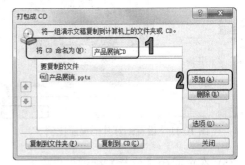

图 10-16　【打包成 CD】对话框

(4) 打开【添加文件】对话框，选择【厨具展示】文件，单击【添加】按钮，如图 10-17 所示。

(5) 返回至【打包成 CD】对话框，可以看到新添加的幻灯片，单击【选项】按钮，如图

10-18 所示。

图 10-17　【添加文件】对话框

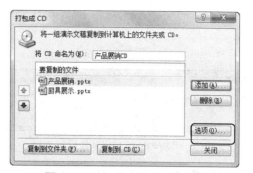

图 10-18　显示添加的演示文稿

💡 **提示** ------

　　如果用户的电脑存在刻录机，可以在【打包成 CD】对话框中单击【复制到 CD】按钮，PowerPoint 将检查刻录机中的空白 CD，在插入正确的空白刻录盘后，即可将打包的文件刻录到光盘中。

　　(6) 打开【选项】对话框，保持默认设置，单击【确定】按钮，如图 10-19 所示。

　　(7) 返回【打包成 CD】对话框，单击【复制文件夹】按钮，打开【复制文件夹】对话框，在【位置】文本框中设置文件的保存路径，单击【确定】按钮，如图 10-20 所示。

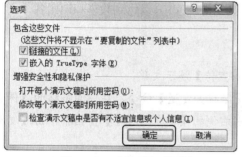

图 10-19　【选项】对话框

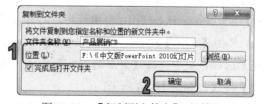

图 10-20　【复制到文件夹】对话框

　　(8) 自动弹出如图 10-21 所示的 Microsoft PowerPoint 提示框，单击【是】按钮。

图 10-21　Microsoft PowerPoint 提示框

　　(9) 此时，系统将开始自动复制文件到文件夹，如图 10-22 所示。

　　(10) 打包完毕后，将自动打开保存的文件夹【产品展销 CD】，将显示打包后的所有文件，如图 10-23 所示。

　　(11) 返回至【打包成 CD】对话框，单击【关闭】按钮，关闭该对话框。

计算机 基础与实训教材系列

图 10-22　PowerPoint 打包文件提示　　　　图 10-23　打包后生成的文件

 知识点

　　如果所使用的计算机上没有安装 PowerPoint 2010 软件，仍然需要查看幻灯片，这时就需要对打包的文件夹进行解包，才可以打开幻灯片文档，并播放幻灯片。双击 PresentationPackage 文件夹中的 PresentationPackage.html 网页，可以查看打包后光盘自动播放的网页效果。

10.4　发布幻灯片

　　发布幻灯片是指将 PowerPoint 2010 幻灯片存储到幻灯片库中，以达到共享和调用各个幻灯片的目的。

　　【例 10-4】发布【旅游宣传】演示文稿。

　　(1) 启动 PowerPoint 2010 应用程序，打开【旅游宣传】演示文稿。

　　(2) 单击【文件】按钮，在弹出的菜单中选择【保存并发送】命令，在中间窗格的【保存并发送】选项区域中选择【发布幻灯片】选项，并在右侧的【发布幻灯片】窗格中单击【发布幻灯片】按钮，如图 10-24 所示。

　　(3) 打开【发布幻灯片】对话框，在中间的列表框中选中需要发布到幻灯片库中的幻灯片缩略图前的复选框，在【发布到】文本框中输入发布到的幻灯片库的位置，如图 10-25 所示。

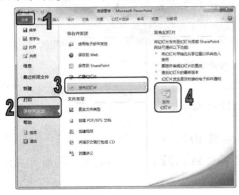　　　　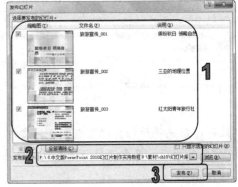

图 10-24　发布幻灯片　　　　　　　　图 10-25　【发布幻灯片】对话框

（4）单击【发布】按钮，此时即可在发布到的幻灯片库位置处查看发布后的幻灯片，效果如图 10-26 所示。

图 10-26　显示发布后的幻灯片

> **提示**
>
> 在打开的【发布幻灯片】对话框中，单击【发布到】下拉列表框右侧的【浏览】按钮。打开【选择幻灯片库】对话框，选择发布的位置，单击【选择】按钮，同样可以设置发布到的幻灯片库位置。

10.5　创建 PDF/XPS 文档与讲义

使用 PowerPoint 的【保存并发送】功能，用户可以将演示文稿转换为可移植文档格式，也可以将演示文稿内容粘贴到 Word 文档中制作演示讲义。

10.5.1　创建 PDF/XPS 文档

在 PowerPoint 2010 中，用户可以方便地将制作好的演示文稿转换为 PDF/XPS 文档。

【例 10-5】将【旅游宣传】演示文稿发布为 PDF 文档。

（1）启动 PowerPoint 2010 应用程序，打开【旅游宣传】演示文稿。

（2）单击【文件】按钮，在弹出的菜单中选择【保存并发送】命令，在中间窗格的【文件类型】选项区域中选择【创建 PDF/XPS 文档】选项，并在右侧的【创建 PDF/XPS 文档】窗格中单击【创建 PDF/XPS】按钮，如图 10-27 所示。

（3）打开【发布为 PDF 或 XPS】对话框，设置保存文档的路径，单击【选项】按钮，如图 10-28 所示。

（4）打开【选项】对话框，如图 10-29 所示。在【发布选项】选项区域中选中【幻灯片加框】复选框，保持其他默认设置，单击【确定】按钮。

（5）返回至【发布为 PDF 或 XPS】对话框，在【保存类型】下拉列表框中选择 PDF 选项，单击【发布】按钮。

（6）此时，自动弹出如图 10-30 所示的【正在发布】对话框，在其中显示发布进度。

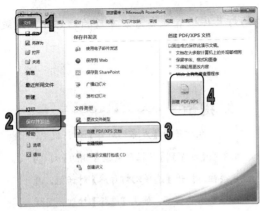

图 10-27　创建 PDF/XPS

图 10-28　【发布为 PDF 或 XPS】对话框

图 10-29　【选项】对话框

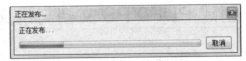

图 10-30　【正在发布】对话框

(7) 发布完成后，自动启动 Adobe Reader X 应用程序，并打开发布成 PDF 格式的文档，如图 10-31 所示。

图 10-31　打开 PDF 格式的文档

> **提示**
>
> 要将演示文稿发布为 XPS 文档，在【发布为 PDF 或 XPS】对话框的【保存类型】下拉列表框选择【XPS 文档】选项，单击【发布】按钮即可。

⑩.5.2　创建讲义

讲义是辅助演讲者进行讲演、提示演讲内容的文稿。在 PowerPoint 2010 中，用户可以将制作好的演示文稿中的幻灯片粘贴到 Word 文档中。

计算机 基础与实训教材系列

【例 10-6】将【户外运动展览】演示文稿制作成 Word 讲义。

(1) 启动 PowerPoint 2010 应用程序，打开【户外运动展览】演示文稿。

(2) 单击【文件】按钮，在弹出的菜单中选择【保存并发送】命令，在中间窗格的【文件类型】选项区域中选择【创建讲义】选项，并在右侧的窗格中单击【创建讲义】按钮，如图 10-32 所示。

(3) 打开【发送到 Microsoft Word】对话框，保持选中【备注在幻灯片旁】和【粘贴】单选按钮，单击【确定】按钮，如图 10-33 所示。

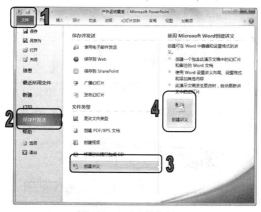

图 10-32　创建讲义

图 10-33　【发送到 Microsoft Word】对话框

(4) 此时，自动启动 Microsoft Word 应用程序，生成表格形式的 Word 文档，在其中查看阅读讲义内容，如图 10-34 所示。

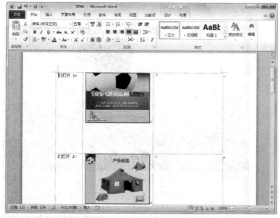

图 10-34　在 Word 中查看阅读讲义内容

 提示

　　【发送到 Microsoft Word】对话框提供以下几种属性设置：【备注在幻灯片旁】是指在幻灯片旁显示备注；【空行在幻灯片旁】是指在幻灯片旁留空；【备注在幻灯片下】是指在幻灯片下方显示备注；【空行在幻灯片下】是指在幻灯片下方留空；【只使用大纲】是指只为讲义添加大纲。

⑩.6　创建视频

PowerPoint 2010 还可以将演示文稿转换为视频内容，以供用户通过视频播放器播放该视频文件，实现与其他用户共享该视频。

【例10-7】将【户外运动展览】演示文稿创建为视频。

(1) 启动 PowerPoint 2010 应用程序，打开【户外运动展览】演示文稿，将幻灯片中标记的墨迹删除。

(2) 单击【文件】按钮，在弹出的菜单中选择【保存并发送】命令，在中间窗格的【文件类型】选项区域中选择【创建视频】选项，并在右侧窗格的【创建视频】选项区域中设置显示选项和放映时间，单击【创建视频】按钮，如图10-35所示。

(3) 打开【另存为】对话框，设置视频文件的名称和保存路径，单击【保存】按钮，如图10-36所示。

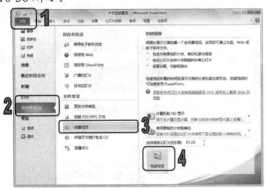
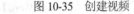

图 10-35　创建视频

图 10-36　【另存为】对话框

(4) 此时，PowerPoint 2010 窗口任务栏中将显示制作视频的进度，如图10-37所示。

(5) 制作完毕后，打开视频存放路径，双击视频文件，即可使用计算机中的视频播放器来播放该视频，如图10-38所示。

图 10-37　在状态栏中显示制作视频的进度

图 10-38　播放视频

知识点

　　在 PowerPoint 演示文稿中打开【另存为】对话框，在【保存类型】中选择【Windows Media 视频】选项，单击【保存】按钮，同样可以执行输出视频操作。

10.7 输出为其他格式

演示文稿制作完成后,还可以将它们转换为其他格式的文件,如图片文件、幻灯片放映以及 RTF 大纲文件等,以满足用户多用途的需求。

10.7.1 输出为图形文件

PowerPoint 支持将演示文稿中的幻灯片输出为 GIF、JPG、PNG、TIFF、BMP、WMF 及 EMF 等格式的图形文件。这有利于用户在更大范围内交换或共享演示文稿中的内容。

在 PowerPoint 2010 中,不仅可以将整个演示文稿中的幻灯片输出为图形文件,还可以将当前幻灯片输出为图片文件。

【例 10-8】将【旅游宣传】演示文稿输出为 JPEG 格式的图形文件。

(1) 启动 PowerPoint 2010 应用程序,打开【旅游宣传】演示文稿。

(2) 单击【文件】按钮,从弹出的菜单中选择【保存并发送】命令,在中间窗格的【文件类型】选项区域中选择【更改文件类型】选项,并在右侧【更改文件类型】窗格的【图片文件类型】选项区域中选择【JPEG 文件交换格式】选项,单击【另存为】按钮,如图 10-39 所示。

(3) 打开【另存为】对话框,设置存放路径,单击【保存】按钮,如图 10-40 所示。

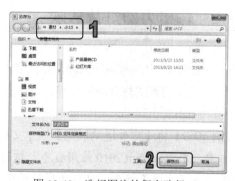

图 10-39　执行 JPEG 文件交换格式操作　　　图 10-40　选择图片的保存路径

(4) 此时系统会弹出提示对话框,供用户选择输出为图片文件的幻灯片范围,单击【每张幻灯片】按钮,如图 10-41 所示。

(5) 完成将演示文稿输出为图形文件,并弹出如图 10-42 所示的提示框,提示用户每张幻灯片都以独立的方式保存到文件夹中,单击【确定】按钮。

图 10-41　选择导出方式　　　　　　　　图 10-42　切换完成提示框

(6) 在路径中双击打开保存的文件夹，此时 4 张幻灯片以图形格式显示在文件夹中，如图 10-43 所示。

(7) 双击某张图片，即可打开该图片，查看其内容，如图 10-44 所示。

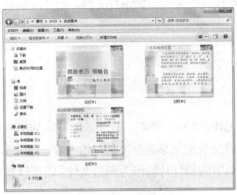

图 10-43　显示输出后的图片

图 10-44　查看某张图片文件

 知识点

在 PowerPoint 演示文稿中，单击【文件】按钮，从弹出的【文件】菜单中选择【另存为】命令，打开【另存为】对话框。在【保存类型】列表中选择【JPEG 文件交换格式】选项，单击【保存】按钮，同样可以执行输出图片文件操作。

10.7.2　输出为幻灯片放映

在 PowerPoint 中经常用到的输出格式还有幻灯片放映。幻灯片放映是将演示文稿保存为总是以幻灯片放映的形式打开演示文稿，每次打开该类型文件，PowerPoint 会自动切换到幻灯片放映状态，而不会出现 PowerPoint 编辑窗口。

【例 10-9】将【户外运动展览】演示文稿输出为幻灯片放映。

(1) 启动 PowerPoint 2010 应用程序，打开【户外运动展览】演示文稿。

(2) 单击【文件】按钮，从弹出的菜单中选择【保存并发送】命令，在中间窗格的【文件类型】选项区域中选择【更改文件类型】选项，并在右侧【更改文件类型】窗格的【演示文稿文件类型】选项区域中选择【PowerPoint 放映】选项，单击【另存为】按钮，如图 10-45 所示。

(3) 打开【另存为】对话框，设置文件的保存路径，单击【保存】按钮，如图 10-46 所示。

知识点

在【更改文件类型】窗格的【演示文稿文件类型】选项区域中可以设置将演示文稿更改为早期版本的 PowerPoint 文件格式、模板格式等。如果将 PowerPoint 2010 演示文稿另存为早期版本的 PowerPoint 文件格式，可能就无法保留 PowerPoint 2010 所特有的格式和功能。

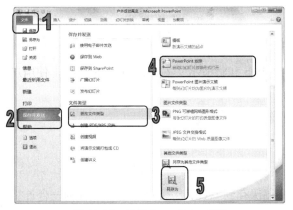

图 10-45　选择 PowerPoint 放映

图 10-46　选择放映文件的保存路径

(4) 此时，即可将幻灯片输出为放映文件。在路径中双击该放映文件，可直接进入放映屏幕，放映文件。

10.7.3　输出为大纲文件

PowerPoint 输出的大纲文件是按照演示文稿中的幻灯片标题及段落级别生成的标准 RTF 文件，可以被其他如 Word 等文字处理软件打开或编辑，方便用户打开文件，查看演示文稿中的文本内容。

【例 10-10】将【励志名言】演示文稿输出为大纲文件。

(1) 启动 PowerPoint 2010 应用程序，打开【励志名言】演示文稿，单击【文件】按钮，从弹出的菜单中选择【另存为】命令。

(2) 打开【另存为】对话框，设置文件的保存路径，在【保存类型】下拉列表中选择【大纲/RTF 文件】选项，单击【保存】按钮，如图 10-47 所示。

(3) 此时，即可将幻灯片中的文本输出为大纲/RTF 文件，双击该文件，即可启动 Word 2010 应用程序，并打开该兼容性文件，该文件属于 Word 2003 文件格式，如图 10-48 所示。

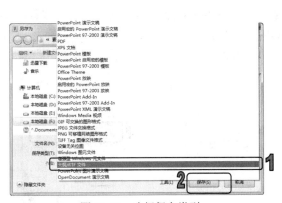

图 10-47　选择保存类型

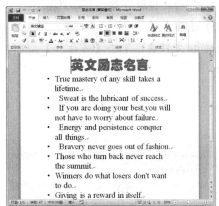

图 10-48　打开大纲文件

10.8 上机练习

本章的上机练习主要练习将演示文稿保存到 Web 和将演示文稿转换为 XPS 文档,使用户更好地掌握输出与转换演示文稿的操作方法。

10.8.1 将演示文稿保存到 Web

本上机练习主要练习将【励志名言】演示文稿保存到 Web,方便用户可以从任何一台计算机访问该演示文稿或与其他人共享此演示文稿。

(1) 启动 PowerPoint 2010 应用程序,打开【励志名言】演示文稿。

(2) 单击【文件】按钮,在弹出的菜单中选择【保存并发送】命令,在中间窗格的【保存并发送】选项区域中选择【保存到 Web】选项,并在右侧窗格中单击【登录】按钮,如图 10-49 所示。

(3) 打开【连接到 docs.live.net】对话框,输入账户和密码,单击【确定】按钮,如图 10-50 所示。

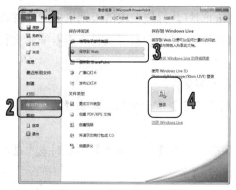

图 10-49　保存到 Web 操作　　　　图 10-50　【连接到 docs.live.net】对话框

(4) 自动连接服务器,显示正在连接服务器的进度,如图 10-51 所示。

(5) 返回至【保存到 Microsoft SkyDrive】窗格,在其中显示成功登录后的个人信息,选择 Documents 文件夹,单击【另存为】按钮,如图 10-52 所示。

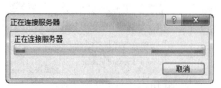

图 10-51　显示连接进度　　　　图 10-52　登录服务器

(6) 打开【另存为】对话框，保持默认设置，单击【保存】按钮，即可将演示文稿保存到 Web 中，如图 10-53 所示。

提示

在【保存到 Microsoft SkyDrive】窗格单击 Microsoft SkyDrive 链接，将打开相应的网页，查看保存到 Web 后的演示文稿文件，如图 10-54 所示。

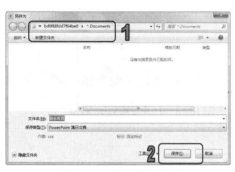

图 10-53　设置保存选项

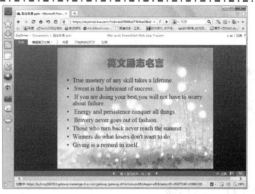

图 10-54　查看保存到 Web 后的演示文稿

⑩.8.2　将演示文稿转换为 XPS 文档

本上机练习主要练习将【励志名言】演示文稿转换为 XPS 文档。

(1) 启动 PowerPoint 2010 应用程序，打开【励志名言】演示文稿。

(2) 单击【文件】按钮，在弹出的菜单中选择【保存并发送】命令，在中间窗格的【文件类型】选项区域中选择【创建 PDF/XPS 文档】选项，并在右侧的【创建 PDF/XPS 文档】窗格中单击【创建 PDF/XPS】按钮，如图 10-55 所示。

(3) 打开【发布为 PDF 或 XPS】对话框，设置保存文档的路径，在【保存类型】下拉列表中选择【XPS 文档】选项，单击【发布】按钮，如图 10-56 所示。

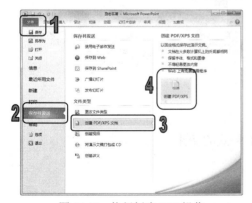

图 10-55　执行创建 XPS 操作

图 10-56　设置文件类型为 XPS 文档

计算机基础与实训教材系列

(4) 此时，自动弹出【正在发布】对话框，在其中显示发布进度，如图 10-57 所示。

(5) 稍等片刻，自动启动软件打开发布后的 XPS 文档，最终效果如图 10-58 所示。

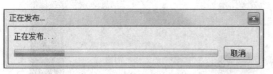

图 10-57　显示发布 XPS 文档的进度　　　　图 10-58　打开发布后的 XPS 文档

⑩.9　习题

1. 如何加密保存演示文稿？

2. 如何打印预览和打印演示文稿？

3. 将第 8 章的【厨具展示.pptx】中的第 2、3 张幻灯片输出为图形文件，效果如图 10-59 所示。

图 10-59　习题 3

4. 将第 8 章的【厨具展示.pptx】创建为视频文件。

5. 将第 8 章的【厨具展示.pptx】转换为 PDF 格式的文件。

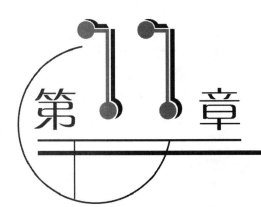

第11章 综合实例应用

学习目标

通过前面章节的学习，用户已经了解了 PowerPoint 2010 的文本处理功能、段落处理功能、图形处理功能、多媒体支持功能、动画功能并熟练掌握创建、美化、放映、打印输出演示文稿的方法。本章将综合应用各种功能制作美观实用的商务演示文稿。

本章重点

- ◉ 文本与段落处理功能
- ◉ 图形处理功能
- ◉ 表格和图表功能
- ◉ 幻灯片对象动画和切换动画
- ◉ 美化、放映与打印演示文稿

11.1 客户维护与管理

本节使用 PowerPoint 自带的主题创建演示文稿，在幻灯片母版视图中调整母版的配色方案和背景图片，同时在创建演示文稿的过程中使用公式编辑编辑器添加公式，使用图形添加文本。

(1) 启动 PowerPoint 2010 应用程序，打开 PowerPoint 2010 工作界面。

(2) 打开【设计】选项卡，在【主题】组中单击【其他】按钮 ，从弹出的列表框中选择【透明】样式，为演示文稿应用该主题效果，如图 11-1 所示。

(3) 在【设计】选项卡的【主题】组中单击【颜色】下拉按钮，从弹出的菜单中选择【新建主题颜色】命令，如图 11-2 所示。

(4) 打开【新建主题颜色】对话框，单击【强调文字颜色 1】右侧的按钮，从弹出的菜单中选择【其他颜色】命令，如图 11-3 所示。

(5) 打开【颜色】对话框的【标准】选项卡，选择【橙色】色块，单击【确定】按钮，如

图 11-4 所示。

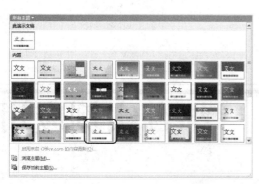

图 11-1　在演示文稿中应用透明主题

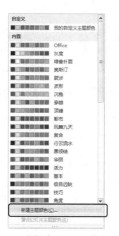

图 11-2　【颜色】下拉菜单列表　　　图 11-3　【新建主题颜色】对话框

(6) 参照步骤(3)与步骤(4)，修改【已访问的超链接】的颜色，将颜色设置为【绿色】，此时幻灯片效果如图 11-5 所示。

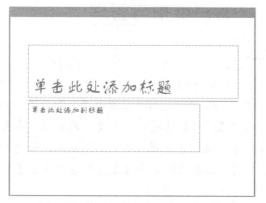

图 11-4　【颜色】对话框　　　　　　图 11-5　修改配色方案后的母版效果

(7) 在【设计】选项卡的【背景】组中单击【背景样式】下拉按钮，从弹出的下拉菜单中选择【设置背景格式】命令，打开【设置背景格式】对话框。

(8) 打开【填充】选项卡，在【填充】选项区域中选中【渐变填充】单选按钮，在【类型】下拉列表中选择【射线】选项，在【方向】下拉列表中选择【中心辐射】选项，在【颜色】下拉面板中设置浅橙色和白色，在【渐变光圈】中拖动滑块调节亮度和透明度，如图 11-6 所示。

(9) 单击【关闭】按钮，关闭对话框，此时即可将填充颜色应用到当前幻灯片中，如图 11-7 所示。

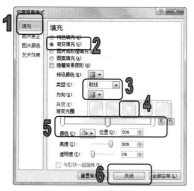

图 11-6　设置填充效果

图 11-7　设置填充效果

(10) 在【单击此处添加标题】占位符中输入文本，设置字号为 72，字形为【加粗】，文字效果为【阴影】；在【单击此处添加副标题】占位符中输入文本，设置字号为 44，对齐方式为【右对齐】，效果如图 11-8 所示。

(11) 在【开始】选项卡的【幻灯片】组中单击【新建幻灯片】按钮，添加一张新幻灯片。

(12) 打开【设计】选项卡，在【主题】组中单击【其他】按钮，从弹出的列表框中右击主题，从弹出的菜单中选择【应用于选定幻灯片】命令，如图 11-9 所示。

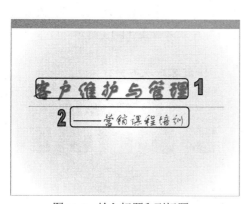

图 11-8　输入标题和副标题

图 11-9　在选定幻灯片中应用主题

(13) 此时，即可在选定的幻灯片中应用指定的主题，然后在幻灯片中输入文字，将光标放置在最后一行文字的最前端，按下 Enter 键，并在【开始】选项卡的【段落】组中单击【居中】按钮，此时幻灯片效果如图 11-10 所示。

(14) 在【开始】选项卡的【幻灯片】组中单击【新建幻灯片】按钮，添加一张新幻灯片。

(15) 在幻灯片中输入标题文字"开发客户成本分析"，设置文字字体为【华文隶书】，字号 44，字形【加粗】，字体效果为【阴影】。

(16) 选中【单击此处添加文本】占位符，按 Delete 键，将其删除。

(17) 打开【插入】选项卡，在【插图】组中单击【形状】按钮，从弹出的【流程图】菜单列表中选择【流程图：文档】选项，拖动鼠标绘制一个流程图图形，如图 11-11 所示。

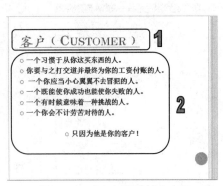

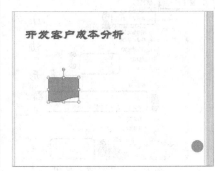

图 11-10　在幻灯片中输入文字　　　　图 11-11　在幻灯片中绘制流程图图形

(18) 选中该图形，按下 Ctrl+C 组合键，将图形复制到剪切板上，然后连续按下 4 次 Ctrl+V 组合键，复制同样图形。

(19) 同时选中 5 个图形，打开【绘图工具】的【格式】选项卡，在【排列】组中单击【对齐】按钮，从弹出的菜单中选择【横向分布】和【上下居中】命令，此时幻灯片中的图片效果如图 11-12 所示。

(20) 依次右击图形，在打开的快捷菜单中选择【编辑文字】命令，在图形中添加文本。设置文字字体为【楷体】，字号为 20，字形为【加粗】。

(21) 使用同样的方法，在幻灯片中绘制一个矩形图形，并在其中输入文字，设置文字字体为【楷体】，字号为 28，字形为【加粗】，此时幻灯片效果如图 11-13 所示。

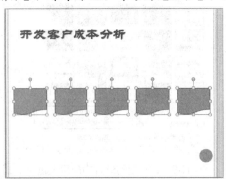

图 11-12　对齐图形　　　　　　　图 11-13　在图形中添加文字

(22) 打开【插入】选项卡，在【文本】组中单击【文本框】下拉按钮，从弹出的菜单中选择【横排文本框】命令，在幻灯片中插入一个水平文本框，并输入文字，效果如图 11-14 所示。

(23) 打开【插入】选项卡，在【插图】组中单击【形状】按钮，从弹出的【箭头总汇】菜单列表中选择【虚尾箭头】选项，在幻灯片中绘制两个虚尾箭头图形，如图 11-15 所示。

图 11-14 在幻灯片中添加文本框

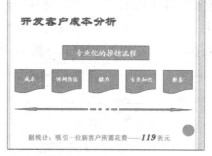

图 11-15 绘制箭头图形

(24) 同时选中绘制的矩形图形和流程图图形，打开【绘图工具】的【格式】选项卡，在【形状样式】组中单击【其他】按钮，在弹出的列表中选择第 5 行第 2 列的样式，为幻灯片快速应用形状效果，如图 11-16 所示。

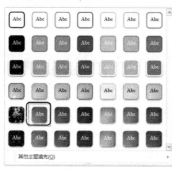

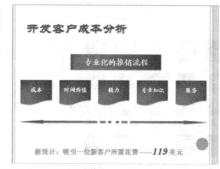

图 11-16 为图形应用形状效果

(25) 打开【开始】选项卡，在【幻灯片】组中单击【新建幻灯片】按钮，添加一张新的幻灯片。在占位符中输入文本，设置标题字号为 44，字形为【加粗】，字体效果为【阴影】，设置文本字体为 40，如图 11-17 所示。

(26) 打开【插入】选项卡，在【图像】组中单击【剪贴画】按钮，打开【剪贴画】任务窗格，在【搜索文字】文本框中输入"客户"，单击【搜索】按钮

(27) 在搜索结果列表框中单击剪贴画，将其插入幻灯片中，调节其位置和大小，效果如图 11-18 所示。

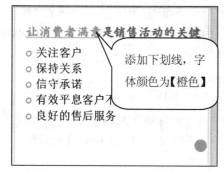

图 11-17 第 4 张幻灯片效果

图 11-18 插入剪贴画

（28）打开【开始】选项卡，在【幻灯片】组中单击【新建幻灯片】按钮，添加一张新的幻灯片，在空白处按下 Ctrl+A 组合键，选中幻灯片的两个文本占位符，按下 Delete 键将其删除。

（29）打开【插入】选项卡，在【符号】组中单击【公式】按钮，在幻灯片中可以插入一个公式编辑文本框，在其中输入公式，如图 11-19 所示。

 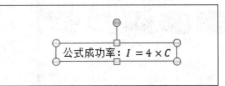

图 11-19　插入公式

（30）打开【绘图工具】的【格式】选项卡，在【形状样式】组中单击【其他】按钮，在弹出的列表中选择第 4 行第 2 列的样式，如图 11-20 所示。

（31）设置公式字号为 40，拖动鼠标调节其位置，如图 11-21 所示。

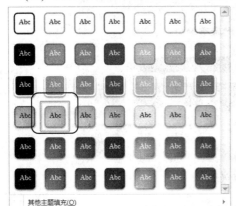 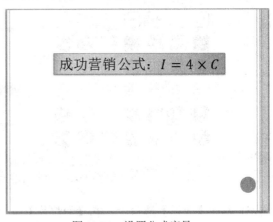

图 11-20　设置公式文本框格式　　　　　　图 11-21　设置公式字号

（32）打开【插入】选项卡，在【文本】组中单击【对象】按钮，在【对象类型】列表框中选择【Microsoft 公式 3.0】选项，单击【确定】按钮，如图 11-22 所示。

（33）打开【公式编辑器】对话框，在闪烁的光标处输入如图 11-23 所示的公式。

图 11-22　【插入对象】对话框　　　　　　图 11-23　【公式编辑器】对话框

（34）关闭【公式编辑器】对话框，此时幻灯片中显示插入的公式，如图 11-24 所示。

(35) 选中公式，打开【绘图工具】的【格式】选项卡，在【形状样式】组中单击【形状填充】按钮，从弹出的颜色面板中选择【金色，强调文字颜色 4】色块；单击【形状轮廓】按钮，从弹出的颜色面板中选择【橙色，强调文字颜色 1】色块，并选择【粗细】|【3 磅】命令(如图 11-25 所示)，为公式文本框设置边框和底纹。

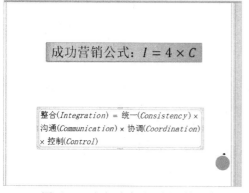

图 11-24　幻灯片中显示插入的公式

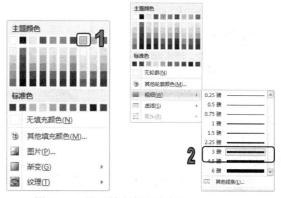

图 11-25　设置填充色和轮廓

(36) 使用同样的方法在幻灯片中绘制下箭头图形和直线，使其效果如图 11-26 所示。

(37) 演示文稿制作完毕，在快速访问工具栏中单击【保存】按钮，将演示文稿以文件名"客户维护与管理"进行保存。

(38) 打开【视图】选项卡，在【演示文稿视图】组中单击【幻灯片浏览】按钮，切换至幻灯片浏览视图中查看幻灯片效果，如图 11-27 所示。

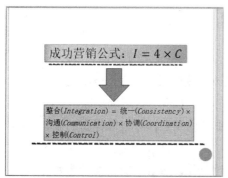

图 11-26　在幻灯片中插入图形

图 11-27　幻灯片浏览视图

11.2 电子月历

本节主要使用 PowerPoint 的插入表格功能，在演示文稿中绘制电子月历，同时使用超链接功能将每张月历都链接到演示文稿的指定页面中。

(1) 启动 PowerPoint 2010 应用程序，单击【文件】按钮，从弹出的【文件】菜单中选择【新建】命令，然后在中间的窗格中选择【我的模板】选项，如图 11-28 所示。

(2) 打开【新建演示文稿】对话框，在【个人模板】列表框中选择【模板13】选项，单击【确定】按钮，如图 11-29 所示。

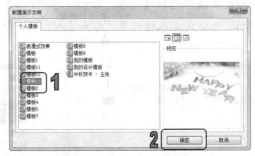

图 11-28　选择【我的模板】选项　　　　图 11-29　选择模板 13

(3) 此时，将新建一个基于该模板的演示文稿，在快速访问工具单击【保存】按钮，将其以"电子月历"为名保存，如图 11-30 所示。

图 11-30　创建【电子月历】演示文稿

(4) 在【单击此处添加标题】文本占位符中输入两行标题文字【2013 年 12 个月月历】，设置文字字体为【华文彩云】，字号为 66，字形为【加粗】和【倾斜】，如图 11-31 所示。

(5) 选中【单击此处添加副标题】文本占位符，按下 Delete 键将其删除。

(6) 打开【插入】选项卡，在【媒体】组中单击【视频】按钮，在弹出的菜单中选择【剪辑画视频】命令，打开【剪贴画】任务窗格。

(7) 在任务窗格的剪贴画列表中显示可以插入的影片，然后单击需要的影片剪辑，将其插入到幻灯片中，并在幻灯片中调整该剪辑的大小和位置，如图 11-32 所示。

图 11-31　设置标题和副标题文本　　　　图 11-32　插入剪贴画

(8) 在幻灯片预览窗格中选择第 2 张幻灯片缩略图，将其显示在幻灯片编辑窗格中。

(9) 在【单击此处添加标题】文本占位符中输入标题文字，设置字号为 36，字形为【加粗】，并调节占位符的大小。

(10) 选中【单击此处添加文本】文本占位符，按下 Delete 键将其删除，如图 11-33 所示。

(11) 打开【插入】选项卡，在【插图】组中单击 SmartArt 按钮，打开【选择 SmartArt 图形】对话框，在左侧列表中选择【循环】选项，然后在 SmartArt 图形列表中选择【基本射线图】选项，单击【确定】按钮，如图 11-34 所示。

图 11-33　删除文本占位符

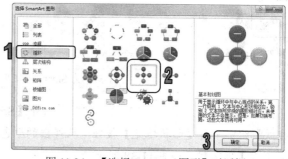

图 11-34　【选择 SmartArt 图形】对话框

(12) 此时，即可在幻灯片中插入 SmartArt 图形，效果如图 11-35 所示。

(13) 选中最上方的图形，打开【SmartArt 工具】的【设计】选项卡，在【创建图形】组中单击【添加形状】按钮，为 SmartArt 图形添加一个形状。

(14) 使用同样的方法，为 SmartArt 图形再添加 7 个形状，此时该 SmartArt 图形共有 13 个形状组成，在 SmartArt 图形的 13 个形状中输入数字，并拖动鼠标调节其大小和位置，如图 11-36 所示。

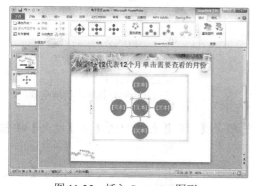

图 11-35　插入 SmartArt 图形

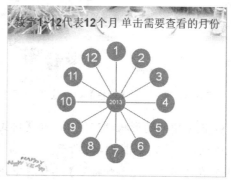

图 11-36　添加形状并输入文本

💮 **提示**

在刚插入的 SmartArt 形状中不能直接输入文本，如需输入文本，则要先右击，从弹出的快捷菜单中选择【编辑文字】命令，当光标将定位在形状中时，即可输入文本。

(15) 选中幻灯片中的 SmartArt 图形，打开【SmartArt 工具】的【设计】选项卡，单击【SmartArt 样式】组中的【其他】按钮 ，在弹出的列表中选择【三维】选项区域的【优雅】选项，为 SmartArt 图形应用三维样式，如图 11-37 所示。

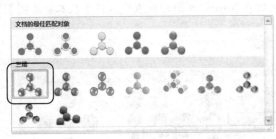

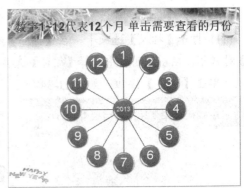

图 11-37　为 SmartArt 图形应用三维样式

(16) 选中形状"1"、"2"、"3"，打开【SmartArt 工具】的【设计】选项卡，在【形状样式】组中单击【形状填充】按钮，从弹出的颜色面板中选择【绿色】色块，此时选中形状将填充为【绿色】，如图 11-38 所示。

(17) 使用同样的方法，将形状"4"、"5"、"6"填充为【蓝色】；将形状"7"、"8"、"9"填充为【橙色】；将形状"10"、"11"、"12"填充为【红色】；将形状"2013"填充为【紫色】，效果如图 11-39 所示。

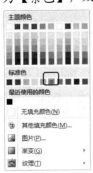

图 11-38　应用【绿色】填充效果　　　　　　图 11-39　为其他形状填充颜色

(18) 选中中间的形状"2013"，在【格式】选项卡【形状】组中单击 4 下【增大】按钮，将形状等比例放大，如图 11-40 所示。

(19) 在【单击此处添加标题】占位符中输入标题文字"1月"，设置文字字体为【华文彩云】，字号为 54，字形为【加粗】、【倾斜】，字体效果为【阴影】；在【单击此处添加文本】占位符中单击 按钮，打开【插入表格】对话框，在【列数】和【行数】文本框中分别输入数字 7 和 6，单击【确定】按钮，如图 11-41 所示。

(20) 在幻灯片中插入一个 7×6 表格，并将其拖动到幻灯片的适当位置，如图 11-42 所示。

(21) 选中表格第 1 行，打开【表格工具】的【设计】选项卡，单击【表格样式】组中的【底纹】按钮，在弹出演示面板的【标准色】选项区域中选择【橙色】命令，将该行底纹填充为橙色；选中表格第 2、4 行，单击【底纹】按钮，在【主题颜色】选项区域中选择【白色，背景 1，深色 5%】选项；选中表格第 3、5 行，将其底纹填充为【黄色】，效果如图 11-43 所示。

图 11-40　等比例放大形状

图 11-41　打开【插入表格】对话框

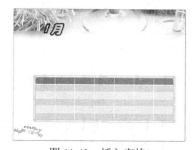

图 11-42　插入表格

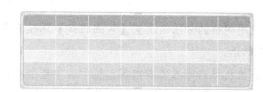

图 11-43　设置表格填充效果

(22) 选中表格最后一行，在【设计】选项卡的【表格样式】组中，单击【底纹】按钮，在弹出的菜单中选择【其他填充颜色】命令，打开【颜色】对话框。

(23) 打开【自定义】选项卡，在【颜色模式】下拉列表框中选择 RGB 选项，设置【红色】、【绿色】和【蓝色】文本框中的值分别为 250、205 和 100，单击【确定】按钮，如图 11-44 所示。

(24) 此时，即可完成幻灯片中的表格填充效果的设置。表格在幻灯片中的效果如图 11-45 所示。

图 11-44　【自定义】选项卡

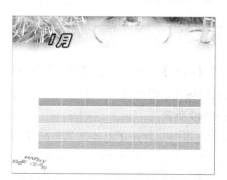

图 11-45　自定义表格填充效果

(25) 选中整个表格，打开【表格工具】的【设计】选项卡，单击【绘图边框】组中的【笔画粗细】下拉按钮，在弹出的下拉列表中选择【3.0 磅】选项；在【表格样式】组中单击【边框】按钮，在弹出的菜单中选择【外侧框线】选项，此时即可为表格添加一个黑色的 3 磅的外框线，如图 11-46 所示。

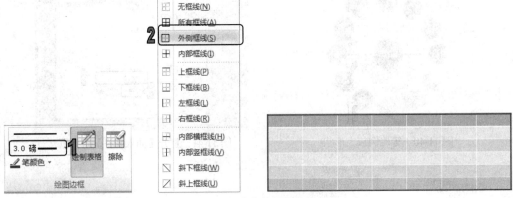

图 11-46　为表格设置外边框

(26) 使用同样的方法，设置【笔画粗细】属性为【1 磅】，【边框】属性为【内部框线】，如图 11-47 所示。

(27) 在单元格内输入文本内容，然后选中整个表格，打开【表格工具】的【布局】选项卡，在【对齐方式】组中单击【居中】的【垂直居中】按钮，设置文本中部居中对齐。

(28) 选中整个表格，在【布局】选项卡的【表格尺寸】组中，设置高度为【6.18 厘米】，宽度为【10.4 厘米】，使用鼠标拖动法，调节表格至合适的位置，效果如图 11-48 所示。

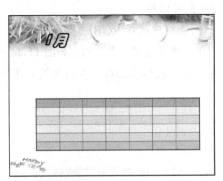

图 11-47　为表格设置内部框线　　　　图 11-48　调节表格大小和位置

(29) 打开【插入】选项卡，在【图片】组中单击【图片】命令，打开【插入图片】对话框，选中需要插入的图片，单击【插入】按钮，将图片插入的幻灯片中，并在幻灯片中调整其大小位置，如图 11-49 所示。

(30) 选中该图形，打开【图片工具】的【格式】选项卡，在【图片样式】组中单击【映像圆角矩形】选项，为图片应用【映像圆角矩形】样式，如图 11-50 所示。

(31) 打开【插入】选项卡，单击【文本】组的【文本框】下拉按钮，在弹出的菜单中选择

【横排文本框】命令，在幻灯片中按住鼠标左键拖动，绘制一个横排文本框，并输入文字，设置文字的字体为【黑体】，字号为 24，字形为【加粗】，如图 11-51 所示。

图 11-49　插入图片

图 11-50　为图片应用【映像圆角矩形】样式

(32) 打开【开始】选项卡，在【幻灯片】组中单击【新建幻灯片】按钮，添加一张新的幻灯片。

(33) 在【单击此处添加标题】文本占位符中输入标题文字"2 月"，设置文字字体为【华文彩云】，字号为 54，字形为【加粗】、【倾斜】，字体效果为【阴影】；选中【单击此处添加文本】文本占位符，按下 Delete 键将其删除，如图 11-52 所示。

图 11-51　插入文本框　　　　　图 11-52　输入标题并删除文本占位符

(34) 在第 3 张幻灯片中选中插入的表格，按下 Ctrl+C 组合键，将其复制到剪切板中，在第 4 张幻灯片的空白处单击，按下 Ctrl+V 组合键，将表格粘贴到该幻灯片中，如图 11-53 所示。

(35) 选中表格第 1 行，将其底纹颜色设置为 RGB: (0, 176, 80); 选中表格第 2、4 行，将其底纹颜色设置为 RGB: (230, 230, 230); 选中表格第 3、5 行，将其底纹颜色设置为 RGB: (182, 228, 204); 选中表格第 6 行，将其底纹颜色设置为 RGB: (106, 250, 99)，然后在表格中重新填写文字，效果如图 11-54 所示。

图 11-53　复制表格

图 11-54　设置表格填充效果

(36) 在表格中重新填写文字，如图 11-55 所示。

(37) 参照步骤(29)至步骤(31)，在幻灯片中添加图片及横排文本框，设置图片的格式为【棱台形椭圆，黑色】，如图 11-56 所示。

图 11-55　修改表格中的数据

图 11-56　设置图片和文本框

(38) 打开【开始】选项卡，在【幻灯片】组中单击【新建幻灯片】按钮，添加一张新的幻灯片。

(39) 在【单击此处添加标题】文本占位符中输入标题文字"3月"，设置文字字体为【华文彩云】，字号为 54，字形为【加粗】、【倾斜】，字体效果为【阴影】; 选中【单击此处添加文本】文本占位符，按下 Delete 键将其删除。

(40) 在第 4 张幻灯片中选中插入的表格，按下 Ctrl+C 组合键，将其复制到剪切板中，然后在第 5 张幻灯片的空白处单击，按下 Ctrl+V 组合键，将表格粘贴到该幻灯片中。

(41) 选中任意一行，右击，从弹出的快捷菜单中选择【插入】|【在下方插入行】命令，插

入一行。

(42) 选中表格第 1 行，将其底纹颜色设置为 RGB: (0，112，192); 选中表格第 2、4、6 行，设置底纹颜色为 RGB: (230，230，230); 选中表格第 3、5 行，设置底纹颜色为 RGB: (178，218，234); 选中表格第 7 行，将设置底纹颜色为 RGB: (106，172，244)，并修改表格文本，如图 11-57 所示。

(43) 使用同样的方法，插入图片和文本框，设置图片的格式为【映像右透视】，效果如图 11-58 所示。

图 11-57　修改表格填充效果和文本　　　　图 11-58　添加图片和文本框

(44) 使用同样的方法，插入第 6 张幻灯片，在其中复制第 3 张幻灯片中的表格，选中表格第 1 行，将其底纹颜色设置为 RGB: (255，0，0); 选中表格第 2、4 行，设置底纹颜色为 RGB: (230，230，230); 选中表格第 3、5 行，设置底纹颜色为 RGB: (246，176，164); 选中表格第 6 行，将设置底纹颜色为 RGB: (180，66，54)，并修改表格文本，如图 11-59 所示。

(45) 使用同样的方法，插入图片和文本框，设置图片的格式为【映像棱台，黑色】，如图 11-60 所示。

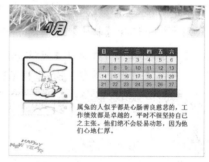

图 11-59　为 4 月份表格修改填充色和文本　　　图 11-60　插入图片和文本框

(46) 参照以上步骤制作 5 月~12 月的 8 张幻灯片，要求 5、9 月历应用第 3 张幻灯片中的表格样式，6、10 月历应用第 4 张幻灯片中的表格样式，7、11 月历应用第 5 张幻灯片中的表格样式，8、12 月历应用第 6 张幻灯片中的表格样式，最终效果如图 11-61 所示。

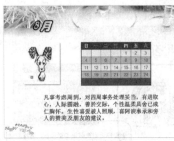

图 11-61　设置其他幻灯片效果

(47) 在幻灯片预览窗口中选择第 2 张幻灯片缩略图，将其显示在幻灯片编辑窗口中。

(48) 在形状中选中文字 1，打开【插入】选项卡，单击【链接】组的【超链接】按钮，打开【插入超链接】对话框。在【链接到】列表中单击【本文档中的位置】按钮，在【请选择文档中的位置】列表框中选择【1月】选项，单击【屏幕提示】按钮，如图 11-62 所示。

(49) 打开【设置超链接屏幕提示】对话框，在【屏幕提示文字】文本框中输入提示文字"显示 1 月月历"，单击【确定】按钮，如图 11-63 所示。

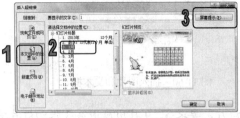

图 11-62　【插入超链接】对话框　　　图 11-63　【设置超链接屏幕提示】对话框

(50) 返回到【插入超链接】对话框，再次单击【确定】按钮，完成该超链接的设置，如图 11-64 所示。

(51) 使用同样的方法，分别将第 2 张幻灯片形状中的数字链接到对应的幻灯片中，如图 11-65 所示。

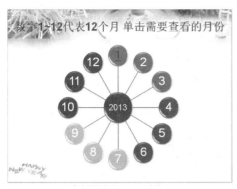

图 11-64　显示插入超链接后的 1 效果

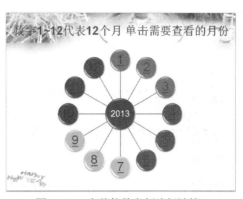

图 11-65　为其他数字创建超链接

(52) 在幻灯片预览窗口中选择第 3 张幻灯片缩略图，将其显示在幻灯片编辑窗口中。

(53) 打开【插入】选项卡，在【插图】组中单击【形状】按钮，在弹出的菜单的【动作按钮】选项区域中选择【后退或前一项】按钮，然后在第 3 张幻灯片的左侧拖动鼠标绘制该图形，如图 11-66 所示。

(54) 将释放鼠标时，系统自动打开【动作设置】对话框，在【单击鼠标时的动作】选项区域中选中【超链接到】单选按钮，在【超链接到】下拉列表框中选择【幻灯片】选项，如图 11-67 所示。

图 11-66　绘制按钮图标

图 11-67　【动作设置】对话框

(55) 打开【超链接到幻灯片】对话框，在对话框中选择第 2 张幻灯片的名称，单击【确定】按钮，如图 11-68 所示。

(56) 返回到【动作设置】对话框。打开【鼠标移过】选项卡，选中【播放声音】复选框，并在其下方的下拉列表框中选择【锤打】选项，单击【确定】按钮，完成该动作的设置，如图 11-69 所示。

(57) 选中动作按钮，打开【绘图工具】的【格式】选项卡，在【形状样式】组中单击【其他】按钮，从弹出的列表框中选择一种形状样式。快速应用该样式，如图 11-70 所示。

(58) 使用 Ctrl+C 和 Ctrl+V 快捷键，将该动作按钮复制到第 4~14 张幻灯片中。

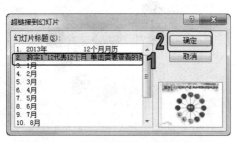

图 11-68　【超链接到幻灯片】对话框

图 11-69　【鼠标移过】选项卡

图 11-70　为图形按钮设置形状样式

(59) 在幻灯片编辑窗口显示第 1 张幻灯片，为其设置切换效果。打开【切换】选项卡，在【切换到此幻灯片】组中单击【其他】按钮，在弹出的列表框中选择【涟漪】选项，如图 11-71所示。

(60) 此时，即可在幻灯片编辑窗口查看切换效果，如图 11-72 所示。

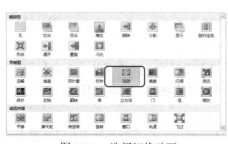

图 11-71　选择切换动画

图 11-72　查看切换效果

(61) 在【切换】选项卡的【计时】组中，单击【全部应用】按钮，将该动画应用到所有幻灯片中，如图 11-73 所示。

(62) 在第 1 张幻灯片中，选中标题占位符，打开【动画】选项卡，在【动画】组中单击【其他】按钮，在弹出菜单的【进入】列表框中选择如图 11-74 所示的【轮子】选项，为标题应用该进入动画效果。

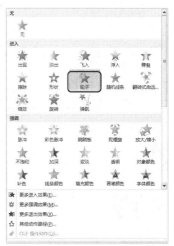

图 11-73 将切换动画应用到所有幻灯片中　　　　图 11-74 为标题设置进入动画

(63) 在第 3 张幻灯片中选中图片，在【动画】选项卡的【动画】组中单击【其他】按钮，在弹出菜单的【进入】列表框中选择【飞入】选项，为对象应用该进入动画效果。

(64) 在第 3 张幻灯片中选中文本框，在【动画】组中单击【其他】按钮，在弹出菜单的【强调】列表框中选择【下划线】选项，为对象应用该强调动画效果，如图 11-75 所示。

图 11-75 为文本框设置强调动画

(65) 使用同样的方法，为第 4~14 张幻灯片中的对象设置同样的动画效果。

(66) 打开【幻灯片放映】选项卡，在【开始放映幻灯片】组中单击【从头开始】按钮，开始放映制作好的幻灯片，效果如图 11-76 所示。

(67) 当幻灯片播放完毕后，单击以退出放映状态。

(68) 在快速访问工具栏中单击【保存】按钮，保存制作的【电子月历】演示文稿。

图 11-76　幻灯片放映效果

11.3　会议记录

本节使用 PowerPoint 图表和多媒体功能在演示文稿中插入图表和视频剪辑，并在幻灯片中插入页脚。

(1) 启动 PowerPoint 2010 应用程序，单击【文件】按钮，从弹出的【文件】菜单中选择【新建】命令，然后在中间的窗格中选择【我的模板】选项，打开【新建演示文稿】对话框，在【个人模板】列表框中选择【模板 14】选项，如图 11-77 所示。

(2) 单击【确定】按钮，此时将新建一个基于该模板的演示文稿，如图 11-78 所示。

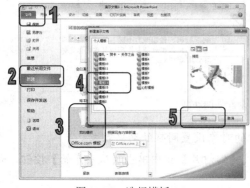
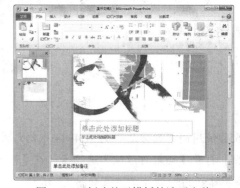

图 11-77　选择模板 14　　　　　　　图 11-78　创建基于模板的演示文稿

(3) 在【单击此处添加标题】文本占位符中输入标题文字"雪花基金工作会议"，设置文字字体为【华文彩云】，字号为66，字形为【加粗】，字体效果为【阴影】，字体颜色为【青色】；在【单击此处添加副标题】文本占位符中输入副标题文字"2013年上半年总结"，设置文字字体为【华文隶书】，字号为36，字形为【加粗】。

　　(4) 在幻灯片中调整两个文本占位符的位置，使得幻灯片效果如图11-79所示。

　　(5) 打开【插入】选项卡，单击【媒体】组中的【视频】按钮，在弹出的菜单中选择【剪贴画视频】命令，打开【剪贴画】任务窗格。

　　(6) 在剪贴画列表中显示可以插入的影片，然后单击需要的影片剪辑，将其插入到幻灯片中，并在幻灯片中调整该剪辑的大小和位置，如图11-80所示。

图 11-79　设置标题和副标题文本　　　　　　图 11-80　选择插入的影片

　　(7) 选中插入的剪辑，打开【格式】选项卡，单击【调整】组中的【颜色】按钮，在弹出的【重新着色】菜单列表中选择【水绿色，强调文字颜色1浅色】命令，为插入的剪辑更改颜色，此时幻灯片的效果如图11-81所示。

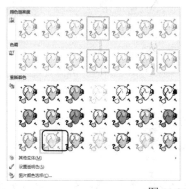

图 11-81　为剪贴画影片重新着色

　　(8) 在幻灯片预览窗格中选择第2张幻灯片缩略图，将其显示在幻灯片编辑窗口中。

　　(9) 在【单击此处添加标题】文本占位符中输入标题文字"雪花基金投资认购表"，设置文字字体为【华文琥珀】，字号为44，字形效果为【阴影】。

　　(10) 选中【单击此处添加文本】文本占位符，按下 Delete 键将其删除。

　　(11) 打开【插入】选项卡，在【文本】组中单击【页眉和页脚】按钮，打开【页眉和页脚】对话框。

(12) 在对话框中选中【日期和时间】复选框，然后在该选项区域中选中【固定】单选按钮，并在下方的文本框中输入文字"2013年上半年"，单击【应用】按钮，如图 11-82 所示。

(13) 此时，插入的页脚出现在幻灯片的左下角。选中插入的页脚文字，设置文字字号为 20，字形为【加粗】，如图 11-83 所示。

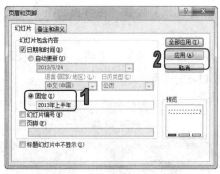

图 11-82　【页眉和页脚】对话框　　　　　图 11-83　显示页眉和页脚文字

(14) 打开【插入】选项卡，单击【插图】组中的【图表】按钮，打开【插入图表】对话框，在【柱形图】选项列表中选择【簇状圆锥图】选项，单击【确定】按钮，如图 11-84 所示。

(15) 此时，系统自动打开 Excel 应用程序，删除表格中现有的数据，然后重新输入如图 11-85 所示的数据。

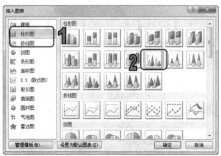

图 11-84　【插入图表】对话框　　　　　图 11-85　在 Excel 图表中输入数据

(16) 关闭 Excel 应用程序，此时幻灯片中出现插入的圆锥图，如图 11-86 所示。

(17) 在插入的图表中选中任意一个月份的【每月投资金额】圆锥，此时对应每月的 6 个圆柱图都将被选中。

(18) 打开【图表工具】的【格式】选项卡，单击【形状样式】组中的【形状填充】按钮，在弹出的菜单中选择【绿色】命令，此时 6 个表示【每月投资金额】的圆锥图填充为【绿色】。

(19) 参照步骤(17)与步骤(18)，将 6 个表示【认购单位数量】的圆锥图变为【深红】。

(20) 在幻灯片中拖动图表的外边框，调整图表的大小，如图 11-87 所示。

(21) 打开【开始】选项卡，在【幻灯片】组中单击【新建幻灯片】按钮，添加一张新的幻灯片。

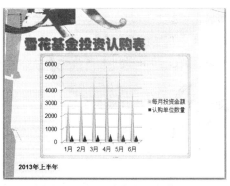

图 11-86　幻灯片中显示圆锥图

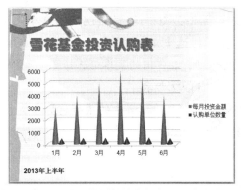

图 11-87　调整圆锥图的填充颜色和图表大小

(22) 在幻灯片中同时选中两个文本占位符，按下 Ctrl+A 键将其删除。

(23) 打开【插入】选项卡，单击【文本】组的【文本框】按钮，在弹出的菜单中选择【垂直文本框】命令，在幻灯片中按住鼠标左键拖动，绘制一个垂直文本框，并在其中输入文字，设置文字字体为【华文琥珀】，字号为 36，字体颜色为【水绿色，强调文字颜色 5，深色 75%】，并将该文本框拖动到幻灯片的左侧，如图 11-88 所示。

(24) 打开【插入】选项卡，单击【插图】组中的【图表】按钮，打开【插入图表】对话框，在【柱形图】选项列表中选择【堆积柱形图】选项，单击【确定】按钮，如图 11-89 所示。

图 11-88　在幻灯片中插入竖排文本框

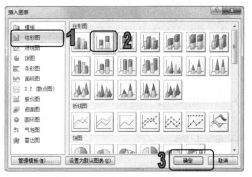

图 11-89　选择堆积柱形图

(25) 在自动打开的 Excel 应用程序中输入如图 11-90 所示的数据。

(26) 关闭 Excel 应用程序，此时幻灯片中显示插入的图表，如图 11-91 所示。

图 11-90　在表格中编辑数据

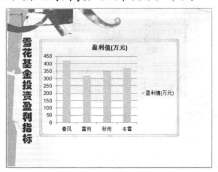

图 11-91　幻灯片中插入的堆积柱形图

(27) 参照步骤(17)与步骤(18)，将4个表示【盈利值】的柱形图颜色填充为【红色】。

(28) 同时选中4个柱形图，在【图表工具】的【格式】选项卡，单击【形状样式】组的【形状效果】按钮，在弹出的菜单中选择【棱台】命令，然后在弹出的菜单列表中选择【冷色斜面】选项，如图11-92所示。

(29) 打开【图表工具】的【布局】选项卡，在【标签】组中单击【图例】按钮，在弹出的菜单中选择【在顶部显示图例】命令，更改图例在幻灯片中的显示位置，如图11-93所示。

  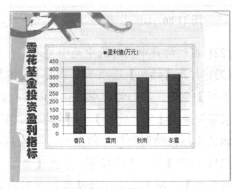

图 11-92　为系列设置棱台样式　　　　　　　图 11-93　在图表中显示图例

(30) 在幻灯片中拖动图表边框，调整图表的大小。

(31) 在【布局】选项卡的【标签】组中，单击【数据标签】按钮，在弹出的菜单中选择【数据标签内】命令，此时幻灯片效果如图11-94所示。

(32) 单击【文件】按钮，从弹出的菜单中选择【打印】命令，在右侧窗格中单击【下一页】按钮，预览每张幻灯片的打印效果，如图11-95所示。

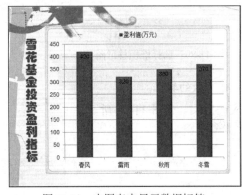 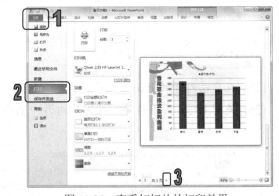

图 11-94　在图表中显示数据标签　　　　　　图 11-95　查看幻灯片的打印效果

(33) 打开【切换】选项卡，在【切换到此幻灯片】组中单击按钮，在打开的切换动画选项列表中选择【摩天轮】选项；在【计时】组中单击【声音】下拉列表，在打开的列表中选择【微风】选项，单击【全部应用】按钮，将该动画效果应用于所有幻灯片。

(34) 在快速访问工具栏中单击【保存】按钮，将该演示文稿以"工作会议"为名进行保存。